Zoilo Angulo Ríos

Desarrollo sostenible y movimientos migratorios.

Zoilo Angulo Ríos

Desarrollo sostenible y movimientos migratorios.

La inmigración en el mundo actual

Editorial Académica Española

Publisher:
Editorial Académica Española
is a trademark of
Dodo Books Indian Ocean Ltd. and OmniScriptum S.R.L publishing group

120 High Road, East Finchley, London, N2 9ED, United Kingdom
Str. Armeneasca 28/1, office 1, Chisinau MD-2012, Republic of Moldova, Europe
Managing Directors: Ieva Konstantinova, Victoria Ursu
info@omniscriptum.com

Printed at: see last page
ISBN: 978-620-0-03135-8

Desarrollo sostenible y movimientos migratorios: la inmigración en el mundo actual[1].

Sustainable development and migratory movements: immigration in today's world.

Zoilo Angulo Ríos[2]

Resumen.

La inmigración es un tipo de desplazamiento humano, también conocida como migración en el que personas provenientes de un país u otra región ingresan a una sociedad determinada. Podemos decir, que es un fenómeno mundial, que cada día va en crecimiento. Sus causas son múltiples, desde factores económicos, pasando por problemas de índole geográfica hasta situaciones de conflicto político. El artículo sigue una metodología cualitativa, donde se explora el mundo de la inmigración. El objetivo de este ensayo es analizar la interrelación entre medio ambiente, desarrollo sostenible y los flujos de inmigración como una realidad social. Por último, la inmigración como fenómeno complejo desde el punto de vista socio-político, jurídico y económico, ha provocado que los países pobres se conviertan en expulsores de mano de obra barata y cualificada, y los países ricos se conviertan en receptores de las mismas.

Palabras claves: Desarrollo sostenible, medio ambiente, movimientos migratorios, inmigración.

Sustainable development and migratory movements: immigration in today's world.

---

[1] Este artículo hace parte de la tesis doctoral "Medio ambiente, sostenibilidad y población. Estudio de caso: la inmigración en la ciudad de Valencia" (2024). Universidad Complutense de Madrid.

[2] Investigador independiente. ORCID ID. https://orcid.org/0000-0001-9414-6032 Research ID: AGA- 9652-2022. Email: zoiloang@ucm.es

Abstract.

Immigration is a type of human displacement, also known as migration, in which people from one country or another region enter a given society. We can say that it is a worldwide phenomenon, which is growing every day. Its causes are multiple, from economic factors, through geographic problems to situations of political conflict. The article follows a qualitative methodology, where the world of immigration is explored. The objective of this essay is to analyze the interrelation between environment, sustainable development and immigration flows as a social reality. Finally, immigration as a complex phenomenon from the socio-political, legal and economic point of view, has caused poor countries to become expellers of cheap and qualified labor, and rich countries to become recipients of the same.

Key Words: Sustainable development, environment, migratory movements, immigration.

Índice

1. Introducción

Partiendo del concepto, que la inmigración es un tipo de desplazamiento humano, también conocida como migración en el que personas provenientes de un país u otra región ingresan a una sociedad determinada, es decir, es la llegada de personas o migrantes a una sociedad explícita. Podemos decir que es un fenómeno mundial, que cada día va en crecimiento. Sus causas son múltiples, desde factores económicos, pasando por problemas de índole geográfica hasta situaciones de conflicto político, que es lo más usual en la mayoría de los casos. Ocampo et al. (2003), confirmaron esta afirmación cuando declararon que la inmigración es un fenómeno complejo donde, además, de la interacción de factores sociales, políticos, económicos, culturales y ambientales, también existe una "relación entre el desarrollo social y el flujo migratorio en su lugar de llegada" (p. 1).

Aún en esa línea de pensamiento, Salcido y Calderón, afirmaron que:

> El fenómeno migratorio ha sido parte de la historia de la humanidad. Desde muy temprano nos enseñan que los grandes flujos migratorios distribuyeron a la población en todos los continentes y que su determinación principal era la búsqueda de recursos para sobrevivir. En esta historia, hablando de flujos masivos de migrantes, el móvil se ha diversificado en muchas direcciones, pues las condiciones de vida no solo implican la posibilidad de sobrevivencia a través de la obtención de alimento y vivienda. A la migración se han sumado factores políticos, confrontaciones bélicas y desastres originados por fenómenos naturales, como erupciones volcánicas, tsunamis, terremotos, inundaciones, entre otros. Sin embargo, las causas y consecuencias de cada uno de estos fenómenos tienen un carácter histórico específico (Salcido y Calderón,

Pries (2018), corroboró esta tesis cuando declaró que todos los procesos migratorios son el resultado de una lógica multidimensional, donde no solo resulta favorecido el inmigrante que busca mejorar sus condiciones de vida sino también la sociedad de acogida al tener mano de obra barata y de calidad. Entonces, podemos decir que, la inmigración permite mejorar las arcas del Estado, así como el incremento del Producto Interno Bruto (PIB) del país receptor. No obstante, la inmigración, también trae consigo, el aumento de los grupos racistas o xenófobos En este aspecto, Durand (2016) cree que los grupos de rechazo a la inmigración ven como una amenaza, que puede perturbar el estilo de vida de los países receptores.

Es importante señalar que el flujo de inmigrantes permanentes en un país puede generar caos y alterar el curso normal de la sociedad. Esto es lo que ha sucedido últimamente en países como Francia, Alemania y España, donde la llegada masiva de inmigrantes en pateras o cruzando los puntos fronterizos ha derivado en problemas sociales, políticos y económicos. Hasta el punto de que la Comisión Europea tuvo que intervenir para distribuir el número de inmigrantes por cuotas asignadas a los Estados miembros, donde algunos países no quisieron acogerse a la medida.

Teniendo en cuenta que la inmigración es un fenómeno complejo, donde muchas veces el concepto de inmigrante suele ser interpretado de muchas formas. Por ejemplo, las personas que proceden del norte de Europa y tienen cierto estatus económico se les suele llamar "extranjeros". Pero, si las personas provienen de África, Asia o América Latina se les llama "inmigrantes". Entonces, este concepto se utiliza para aplicar el doble rasero, especialmente, por los colectivos fascistas y racistas de la derecha o extrema-derecha, según la persona sea rica o pobre. A este problema, se agrega la cuestión de cuando deja de ser un ciudadano inmigrante. Al respecto, Díez, señala que:

> (...) aunque los [inmigrantes] legalmente sean nacionales de un país, socialmente no lo son, porque la población autóctona sigue considerándolos "inmigrantes" porque sus padres, o sus abuelos, fueron inmigrantes, y por ciertos rasgos físicos, ciertos hábitos culturales, ciertas creencias religiosas, no se corresponden con los de la población autóctona (Diez, 2005, pp. 13-14).

Cabe mencionar que la inmigración se presenta en todos los ámbitos geográficos e históricos, generalmente desde las sociedades más desarrolladas hasta las más vulnerables. Como lo mencionamos anteriormente, según censo de 2015 en el mundo hay más de 272 millones de inmigrantes, de los cuales, los países con mayores receptores de inmigrantes son: Estados Unidos, con más de 46 millones de inmigrantes; Rusia, con más de 13 millones y Alemania con más de 9 millones inmigrantes[3]. Otro informe de las Naciones Unidas *World Population Policies 1459* (2019), señala que en el mundo hay 536.288.358 millones de inmigrantes[4]. Pero, la inmigración como nos lo recuerda Lacomba (2001, p. 2), ha propiciado cambios en las políticas de inmigración en la mayoría de los países del mundo.

---

[3]Censo de 2015 de World Population Index. Véase. Raffino, María Estela (2020). "Inmigración". Disponible en: https://concepto.de/inmigracion/ . (Consultado el 1 de noviembre de 2020).
[4]Según el informe de las Naciones Unidas World Population Policies 1459 de 2019 en el mundo hay 536.288.358 millones de inmigrantes. "Emigrantes totales 2019". datosmacro.com. (Consultado el 2 de febrero de 2021).

En este sentido, cabe señalar que, los cambios en las políticas de inmigración se deben fundamentalmente, al aumento de la inmigración en los últimos años. Por ejemplo, un informe de la ONU señala que, actualmente, la inmigración representa el 3,5% de la población mundial con respecto al año 2000, que reflejaba el 2,8%[5]. El mismo informe señala que la región de Europa es la que más inmigrantes acoge en el mundo, con un 82%, donde el 50% de ellos procede de la misma región[6]. Asimismo, la ONU señala que la mayor parte de los inmigrantes del mundo son personas en edad de trabajar, donde el 74% de ellos tienen entre 20 y 64 años, de los cuales un 14% tienen menos de 20 años[7]. Estas cifras nos demuestran que la inmigración contribuye al crecimiento y desarrollo de los países, tanto en su lugar de origen como en el de llegada.

En el contexto español podemos decir, que la inmigración empieza a tomar importancia como fenómeno social, económico y demográfico, donde a finales del siglo XX se incrementa hasta llegar al 12,2% de la población española en 2010. Posteriormente, en el siglo XXI, después de sufrir algunos altibajos en 2017, donde el porcentaje disminuyó al 9,8% de la población nacional (INE, 2020). No obstante, el porcentaje volvió a incrementarse en 2020 hasta llegar al 11,4% (5.423.198 de personas) de la población total de España[8]. Cabe mencionar que, la población de inmigrantes

---

5 Véase: "Un informe de la ONU estableció que hay 272 millones de migrantes en el mundo y la cifra sigue en aumento", 17 de septiembre de 2019. Disponible en https://www.infobae.com/america/mundo/2019/09/17/un-informe-de-la-onu-establecio-que-hay-272-millones-de-migrantes-en-el-mundo-y-la-cifra-sigue-en-aumento/ (Recuperado el 30 de abril de 2021)
6 Ibidem, p. 2
7 Ibidem, p. 2
8Instituto Nacional de Estadística de España, 2020. Disponible en http://www.ine.es/jaxi/Datos.htm?path=/t20/e245/p08/l0/&file=02002.px

procede principalmente de América Latina y parte de la Unión Europea. En 2017, los grupos que más se incrementaron fueron los de Argentina, Colombia, Venezuela, Italia y Ucrania[9].

En este sentido, la política migratoria, según Bazzaco (2008), se ha caracterizado por impedir salir a las personas de origen africano del continente africano, delegando este control fronterizo a los países donde el reconocimiento de los derechos humanos está entredicho como Marruecos, Senegal, Libia o Túnez, en el marco conceptual de externalización de las fronteras comunitarias. Al respecto, Bazzaco afirma que:

> Durante el último año, tanto la Unión Europea (UE) como el Estado español han demostrado, una vez más, su falta de capacidad para elaborar políticas reales y realistas en materia de inmigración. Las decisiones y actuaciones de los Estados miembros de la Unión en materia de inmigración han confirmado la realidad de una Europa-fortaleza, de una UE-isla inalcanzable para las personas que no reúnan determinadas condiciones de entrada. La obsesión de los políticos europeos por el control de las fronteras ha contribuido a provocar, en 2007, la muerte documentada de 1.861 personas –aunque fueron muchos más los fallecidos de los que nada se supo– mientras intentaban cruzar irregularmente, por mar o por tierra, los confines comunitarios. Y eso por no tener otra opción, al ser los mecanismos regulares de entrada de la UE totalmente y criminalmente desfasados respecto a la realidad de los procesos migratorios actuales (Bazzaco, 2008, p. 75).

Este desfase con respecto a la problemática de la inmigración ha conllevado, que en 2008 la UE aprobase la directiva sobre la detección y expulsión de las personas inmigrantes. Aunque la directiva habla sobre "una regulación común de las legislaciones",

---

9Instituto Nacional de Estadística (INE, 2020), a partir de datos del Padrón Municipal. Diciembre 15 de 2020. (Consultado el 6 de mayo de 2021).

en realidad solo tiene en cuenta aspectos como la reclusión, la retención, el fondo económico para el retorno, los vuelos compartidos y la expulsión de los indocumentados, y la cárcel por un periodo de hasta 18 meses, entre otros, en los CIE[10].

Para Bazzaco (2008, p. 76), este proyecto legitima "una lógica inhumana: la generalización de una política de encierro de las personas extranjeras y, consiguientemente, su normalización como gran pilar de la política europea de extranjería".

Cabe destacar que, la reinvención del capitalismo en el ámbito mundial ante las sucesivas crisis que han permitido, igualmente, redefinir la política migratoria. Por eso, se explica la negociación de los flujos migratorios en las sociedades desarrolladas en el entorno de una nueva división internacional del trabajo. Donde muchas veces, los inmigrantes, pueden o no pueden mejorar sus condiciones de vida en los países de acogida. A este respecto, consideramos relevantes las afirmaciones de Pries[11], citado por Salcido y Calderón (2019), que entiende que la

> (…) la migración en el sentido más básico de la palabra como el 'movimiento del hombre de un lugar de residencia a otro' ya no es la situación excepcional en la vida; se convierte en una forma de vivir y de sobrevivir en sí misma (Salcido y Calderón, 2019, p. 407)

Esta forma de sobrevivir de la inmigración se dio como consecuencia del pacto social que regulaba los procesos

---

10CIE: Centros de Internamiento para Extranjeros. Estos centros son considerados inconstitucionales para algunos investigadores como Edoardo Bazzaco porque se detiene a personas por lo que son y no por lo que han hecho. El único delito que han cometido es huir, muchas veces, de la violencia política de sus países de origen o de las precarias condiciones económicas.
11Véase: Pries, L. (2018). "La migración internacional en tiempos de globalización. Varios lugares a la vez", *Nueva Sociedad*, núm. 164, p. 57.

migratorios, donde los inmigrantes podían mantener vivos sus relaciones con sus lugares de origen. Asimismo, esto generó un nuevo contexto en el reordenamiento del flujo migratorio bajo el marco de una sociedad multicultural. También el flujo migratorio se vio favorecido por el abaratamiento de los costes de transporte, el acortamiento de las distancias en términos de tiempo y el auge sin precedentes de las redes sociales.

Este tipo de migración, conocido como inmigración transnacional digital se ve favorecida por el auge y difusión de las Tecnologías de Información y Comunicación (TIC), que permiten darles un nuevo rol a los flujos culturales entre sociedades expulsoras de personas y sociedades receptoras de personas. Esto, actualmente, se considera como oportunidad y una fortaleza para los grupos de inmigrantes que fluyen a lo largo y ancho del planeta.

Asimismo, esta inmigración es la que veremos tomarse las calles, los pueblos, las ciudades y hasta el parlamento de un país cualquiera donde vean amenazados sus derechos, en los próximos años. Una inmigración capaz de conectarse a un solo click de distancia para convocar movilizaciones en defensa de sus derechos de sobrevivencia. Este tipo de movilidad de la inmigración fortalecida por las redes sociales es la llamada a generar cambios en las políticas de inmigración o, mejor dicho, la encargada de destruir todas las leyes de inmigración, que se crearon como una herramienta más del capitalismo- que está en su fase terminal -para controlar, dividir o considerar a los ciudadanos como de segunda clase.

Igualmente, es importante considerar que, la inmigración del siglo

XXI se produce por el flujo de migrantes de países nuevos a viejos (de África o América a Europa), países consolidados, con población envejecida, con mejor calidad de vida, con servicios básicamente, cubiertos para la mayoría de la población, etc.

Este tipo de inmigración en la actualidad proviene de países con muchos problemas sociales, económicos y políticos. Con alta corrupción política. Que de una u otra forma han causado deterioro de la calidad de vida y han propiciado un caldo de cultivo para los grupos al margen de la ley.

Es importante mencionar, que en distintas sociedades, especialmente aquellas que han sido receptoras de grandes poblaciones de seres humanos entre mediados y finales del siglo XIX, la expulsión de inmigrantes se estableció como un eficaz instrumento de control social. Esta expulsión de inmigrantes se da generalmente, en momentos de fuerte organización y lucha de los movimientos de inmigrantes en contextos nacionales, donde las ideas de izquierdas, ya sean, socialistas, comunistas o anarquistas son ampliamente recibidas por los grandes colectivos explotados y altamente vulnerables.

Con la expansión de las ideas de izquierda a finales del siglo XIX e inicio del XX, los movimientos de inmigrantes se hicieron más fuertes en diversas partes del mundo. Asimismo, los Estados nacionales de fuerte crecimiento económico empezaron a poner en práctica el destierro o expulsión de personas que comulgaran "ideas subversivas", casi siempre argumentaban como defensa la seguridad de los ciudadanos y de la nación. De esta forma, según Domenech (2015, p. 175), una "fracción de los inmigrantes [pasaron] a quedar asociados al delito y a la marginalidad" y a ser considerados como elementos peligrosos para la sociedad.

Esta marginación de los inmigrantes asociados al delito, acentúo aún más la condición de exclusión social de un colectivo que venía siendo perseguido tiempo atrás por los ejecutores del capitalismo que le temían a los "fantasmas del comunismo". Se buscaba sobre todo impedir el ingreso de personas con ideas de izquierda y expulsaros si fuera necesario. Para ello era fundamental establecer medidas para controlar a los inmigrantes indeseables, y especialmente, a los exiliados políticos disidentes.

El control de los inmigrantes con antecedentes políticos de izquierda[12] se convirtió en una práctica habitual en las medidas de disuasión. En este sentido, la inmigración ilegal era fuertemente perseguida por las autoridades y los servicios de inteligencia. Se trataba de escarbar en la conciencia de los inmigrantes posibles "agentes del comunismo". Por eso, las medidas de control se reforzaron con nuevas regulaciones restrictivas para proteger al país de ideología comunistas y actividades que atentaran contra el orden público. Y, la inmigración era el objetivo a perseguir.

Para Domenech (2015), los inmigrantes que ostentaban

> (...) la categoría de "disidentes políticos" fue ampliada, alcanzando a aquellos que descreían o se oponían a un gobierno organizado, que abogaban por el asesinato de funcionarios públicos, que defendían o enseñaban la destrucción de la propiedad o que eran culpables de espionaje y traición" (Domenech, 2015, pp. 176-177).

12Con relación a los controles de la migración, los destierros, las expulsiones y las prácticas de resistencia en Canadá, véase: Wright, Cynthia (2013). *The Museum of Illegal Immigration: Historical Perspectives on the Production of Non-citizens and Challenges to Immigration Controls.*

En todo este entramado de persecuciones había un grupo en particular que era objeto de persecuciones hasta llegar al delirio de verlos en todas partes, nos referimos al movimiento anarquista. En este aspecto, el mismo autor, afirma que:

> En parte, las iniciativas oficiales de alcance nacional establecidas directa o indirectamente contra el movimiento ácrata, además de responder a especificidades de cada contexto, estuvieron imbricadas con acontecimientos y actos estratégicos de los anarquistas difundidos como "propaganda por el hecho" (por ejemplo, los atentados y asesinatos de personalidades de la política, los magnicidios), que tuvieron gran repercusión a ambos lados del Atlántico y, en alguna medida, motivaron la creación de espacios institucionales de distinta índole destinados a definir estrategias de vinculación y lineamientos políticos para enfrentar y reprimir el "enemigo común", es decir, el anarquismo en todas sus variantes (Domenech, 2015, p. 177).

Pero, las persecuciones no solo eran contra los anarquistas, era contra todas aquellas personas que procedieran de otro país y se les etiquetara como "extranjeros". Sin embargo, el extranjero como lo mencionamos anteriormente, era el ciudadano con cierta comodidad económica que no tenía antecedentes políticos en la militancia de algún partido de ideología izquierdista. Por el contrario, el ciudadano de a pie, en busca de empleo, exiliado o perseguido político, era catalogado y sigue siendo catalogado como inmigrante. Por eso, la mayoría de los países del mundo capitalista crearon leyes de inmigración, tratados de extradición y protección contra los inmigrantes. En este sentido, Domenech señala que:

> (...) a comienzos del siglo XX, las medidas destinadas a regular el ingreso de mano de obra [inmigrante] ya no sólo contemplaban criterios

y mecanismos de selección basados en la capacidad para el trabajo, sino también prohibiciones derivadas del activismo político de los [inmigrantes] (Domenech, 2015, p. 178).

Hoy, las medidas contra la inmigración permiten al poder ejecutivo ordenar la salida o impedir la entrada al territorio a todo inmigrante indocumentado o que hubiera sido perseguido o condenado por tribunales extranjeros debido a delitos comunes o crímenes o perturbara el orden público o comprometiera la seguridad del país. Es así, como se ha ido construyendo toda una estructura jurídica en torno a los "ciudadanos indeseables" o inmigrantes.

Esta estructura jurídica ha permitido a los países compartir información sobre hechos violentos (para los Estados nacionales cruzar o saltar una valla es un hecho violento) u otros semejantes. Igualmente, la conformación de movimientos en torno a la defensa de los derechos de los inmigrantes (manifestarse en la calle puede catalogarse como un acto subversivo), que afectara o perturbara el orden social. A esto se agregaba, de acuerdo con Domenech (2015), la comunicación entre países para detectar publicaciones que hicieran propaganda a los grupos o movimientos de los inmigrantes para prevenir o reprimir la elaboración o consumación de delitos comunes, así como localizar a personas peligrosas para la sociedad.

La inmigración como fenómeno complejo y los inmigrantes en especial, han sido considerados a través de la historio como personas desestabilizadoras del orden público, y peligrosas para la convivencia en sociedad. De tal forma que, en muchos parlamentos nacionales, tanto europeos como americanos, se dio respaldo a las acciones de censura, persecución, acoso, represión y deportación de los inmigrantes. Todas estas acciones tenían un común denominador: control de la inmigración vinculado al orden social. Asimismo, este control buscaba asociar el cuarteto de la ignominia: inmigración-delito-peligrosidad-expulsión, a los más bajos instintos de la infamia y perversidad humana.

Con estas medidas, los presidentes de las diferentes naciones quedaban autorizados para expulsar del territorio nacional a los inmigrantes que hubieran sido procesados con penas de cárcel o reincidieran en la comisión de un delito contra la persona física o propiedad cuando son portadores de "ideas extremistas". De tal manera, que los inmigrantes del pasado o "buena inmigración", que ayudaban al crecimiento y desarrollo económico de un país, pasaban a convertirse en "mala inmigración", en el presente cuando venían marcados por ideologías de izquierda. A este respecto, consideramos relevantes las afirmaciones de Domenech (2015), que señala que, "(…) en el último medio siglo la inmigración habría pasado de ser una 'necesidad' a componer un 'peligro' debido, fundamentalmente, a que las ideas del proletariado europeo habían cambiado: se trataba ahora de 'ideas extremas'" (p. 183).

Entonces, a finales del siglo pasado, el problema no era tanto la inmigración en sí, sino lo que llegaba con la inmigración, o sea, las ideas extremas que llegaban de Europa, y hablaban de transformar la sociedad para el bien de todos. La inmigración a la hora de la verdad significaba mano de obra barata, que ayudaba a enriquecer a las naciones. Cuando las ideas socialistas se transforman en ideas comunistas o anarquistas, entonces, la sociedad corría un grave peligro. Ante esta situación, la mejor opción era expulsar a los inmigrantes para garantizar la defensa de la nación.

Pero, la defensa de la nación era amenazada por el aumento de la inmigración en el mundo por el expansionismo del capitalismo liberal —de dimensión globalizadora, universalista e integradora—, y de carácter transnacional, donde la ruptura de fronteras culturales y étnicas facilitaba el flujo de inmigrantes a lo largo del planeta. A este respecto, consideramos relevantes las afirmaciones de

Calvo, entiende que, la

> (…) expansión capitalista mundial produce dialécticamente otros efectos, como son la desintegración social, las fanáticas resistencias nacionalistas y los baluartes étnicos particularistas. ¿Por qué estos procesos contrarios a la globalización universalista? Porque el capitalismo, a la vez que integra la producción y el mercado, conlleva el incremento de la competencia entre los diversos sectores sociales y entre los diversos países, distancia aún más el Norte/Sur y jerarquiza aún más la estructura desigual del poder económico en manos de la docena de países ricos del Primer Mundo (Calvo, 2008, p. 4)

Para Calvo (2008), el proceso de expansión del capitalismo puede debilitar las soberanías nacionales y" las lealtades de etnia y religión", porque a veces esas fuerzas y movimientos sociales explotan en un excesivo fanatismo religioso, racial o nacionalista. Es ahí, donde los gobiernos de derecha con marcado acento xenófobo utilizan estos fenómenos para tipificarlo en el código penal y expulsar a los "inmigrantes indeseados".

En este sentido, los gobernantes y juristas de muchos países europeos hacen referencia al "derecho de expulsión" como medida y herramienta legítima para la defensa de la sociedad y el Estado frente a los inmigrantes indeseados o "elementos malos", que habían llegado "para perturbar nuestra paz y tranquilidad". Habían llegado para alterar el orden público y el orden social. Estos "malos elementos" responden a una concepción elitista y eurocéntrica de las naciones "civilizadas", que a su vez es sinónimo de "europeas". Hoy estos "malos elementos" o "inmigrantes indeseados" continúan vigentes en las agendas cuando se trata de reescribir el código penal.

De todas formas, las medidas contra los "inmigrantes indeseados" buscaban establecer el derecho de expulsión como un castigo, pena o sanción. Si el "inmigrante indeseado" tenía ideas de izquierda, ya sean comunistas, socialistas o anarquistas, mejor aún. Siguiendo a Domenech (2015), se puede afirmar que las medidas de expulsión contra los inmigrantes se basan en una diferenciación entre "buenos inmigrantes" y "malos inmigrantes", cuyo máximo exponente es el inmigrante con ideas anarquistas y su construcción como "inmigrante delincuente" (p. 186). El extranjero como buen inmigrante siempre será bienvenido en cualquier sociedad del mundo. Lo importante es que venga con "medios" para subsistir, y sí invierte en propiedades o empresas, mucho mejor.

La importancia de este estudio radica en los pocos estudios que existen sobre la interrelación inmigración y medio ambiente. Por ejemplo, Pérez (2020, p. 2), habla de las implicaciones del medio ambiente sobre la movilidad humana. Para la investigación se siguió una metodología cualitativa, donde se analiza el flujo migratorio desde diferentes perspectivas. El objetivo de este ensayo es ahondar la interrelación entre medio ambiente, desarrollo sostenible y los flujos de inmigración como una realidad social.

2. Tipologías de inmigración, bases del desarrollo sostenible.

La inmigración como un fenómeno global que se extiende a lo largo y ancho del planeta, tiene profundas repercusiones sobre las diferentes dimensiones de la vida de un país. Impacta sobre la política internacional, tanto de los países de origen como de los países de acogida. Igualmente, afecta la política interior de los países de acogida. Este fenómeno tiene un fuerte impacto o peso sobre las funciones del Estado, su educación, su sistema de seguridad, su sistema sanitario y sobre la gestión medioambiental, afectando las inversiones y el gasto social. Todas estas cuestiones dan origen a diferentes tipos de inmigración, que pasaremos a enumerar a continuación:

Inmigración cultural

La inmigración cultural se puede definir como aquella donde los migrantes vienen de otros países llevando consigo principios y estructuras culturales que entran en contradicción con las estructuras culturales de los países de acogida. Este "·choque" de dos sistemas culturales diferentes es lo que en última instancia genera conflictos entre los ciudadanos. Situación que aprovechan los grupos de derecha y ultra-derecha para generar terror y miedo en los habitantes locales a través de consignas como: "(...) nos vienen a quitar el trabajo" o "(...) son ladrones y mantenidos de hambre".

La inmigración cultural está protegida por la ONU (2014, p. 27), y en especial por la Declaración Universal de Derechos Humanos, donde, en su Art. 2, afirma que: "toda persona tiene los derechos sin distinción alguna". Asimismo, el Pacto Internacional de Derechos

Económicos, Sociales y Culturales ha protegido los derechos culturales de los inmigrantes en todo el ámbito universal[13]. En este aspecto, la ONU prohíbe todo tipo de discriminación y exige a los Estados aplicar la ley y garantizar los derechos de todas las personas. Esta prohibición, igualmente, se extiende a todas las personas por igual contra cualquier tipo de discriminación por motivos de raza, color, sexo, idioma, religión, militancia política en cualquier partido, origen social, estatus económico, origen o cualquier otra condición social (Art. 26). Es decir, todos los Estados adscritos a la ONU están en la obligación de proteger los derechos económicos, sociales y culturales. O sea, deben eliminar todo tipo de discriminación, adoptar medidas para hacer efectivo todos estos derechos, cumplir las obligaciones básicas mínimas y evitar la regresión de medidas que vayan en contra de los seres humanos (ONU, 2014, p. 39).

La inmigración cultural afecta fundamental a otras culturas diferentes a las de origen latinoamericano como los inmigrantes del Magred, que tienen, no solo, idioma diferente, sino también religión y costumbres antagónicas con la cultura española. Muchos son encerrados en los CIE (Centro de Internamientos de Extranjeros), donde se le violan sus más mínimos derechos.

A este respecto, consideramos relevantes las afirmaciones de Sánchez (2021)[14] al señalar que:

[13]El Comité de Derechos Económicos, Sociales y Culturales ha definido la discriminación como "toda distinción, exclusión, restricción o preferencia u otro trato diferente que directa o indirectamente se base en los motivos prohibidos de discriminación y que tenga por objeto o por resultado anular o menoscabar el reconocimiento, goce o ejercicio, en condiciones de igualdad, de los derechos reconocidos en el Pacto. La discriminación también comprende la incitación a la discriminación y el acoso". Observación general N° 20 (2009) sobre la no discriminación y los derechos económicos, sociales y culturales, párr. 7.

[14]Raquel Sánchez Friera es artista de origen leonés que se dedica a producir

Es fundamental una revisión de esa historia de España que se nos ha explicado, porque hay mucho desconocimiento del colonialismo español: imágenes, monumentos, hechos políticos (...) están impregnados de la historia colonial española y europea. Aunque se ignore o se oculte, el colonialismo tiene consecuencias en nuestro presente: ¿No es el colonialismo y los desequilibrios que provocó y sigue provocando una de las causas principales de la migración masiva del norte de África que se estampa en las vallas del Estado, se ahoga en el Mediterráneo o se retiene en los CIEs? (Sánchez, 2021, p. 2).

El desconocimiento del colonialismo español sigue teniendo consecuencias hasta nuestros días. No obstante, los inmigrantes siguen luchando para que se les reconozca sus derechos en pleno siglo XXI. A este respecto, consideramos relevantes las afirmaciones de Gómez, que entiende que:

La llegada de los inmigrantes es una oportunidad valiosa para enriquecer las diversas formas culturales (música, danza, teatro, artes, deportes, comidas, etc.) de un pueblo o país y potenciar nuevas expresiones que pueden derivarse de las mismas. En este hecho se captan los mejores talentos que son las riquezas más escasas. De hecho, esto plantea una diversificación de las tradicionales formas culturales que conduce a permitir que el mercado que participa de estos eventos diversifique su menú de opciones, y es aquí donde se abre una oportunidad comercial (Gómez, 2010, p. 88).

Sin embargo, los prejuicios xenófobos de una parte de la población española continúan impactando en la integridad de las personas

videos denunciado la situación de los inmigrantes en los Centros de Internamientos de Extranjeros (CIE), donde da a conocer situaciones a través de la experiencia de otros. Esta dinámica y audaz creadora participó en 'Colonia apócrifa' (2014), la exposición del Musac, con una descarnada denuncia de las condiciones que reinan en las "cárceles para extranjeros". Véase: https://www.diariodeleon.es/articulo/cultura/el-colonialismo-es-causa-principal-migracion-masiva/20140622040003441426.html inmigrantes. Es así, como en el sistema educativo español, los conflictos sociales y grupales se siguen presentando en la escuela[15]. En este sentido, Calvo manifiesta que:

> Por una parte, los textos, así como en su inmensa mayoría los profesores y alumnos, proclaman y verbalizan fuertemente, y sin fisura, el paradigma axiológico de la igualdad humana y de la fraternidad universal: es un principio axiomático, un valor social básico y una pauta

[15]Calvo (2008) en una Encuesta Escolar realizada en 1997 en el Estado Español manifiesta los siguientes datos preocupantes: Los resultados sobre prejuicios racistas y valores solidarios, aplicada a 6000 alumnos de todo el Estado Español (13-19 años), dirigida por un servidor, nos revelan claramente esa radiografía de ambivalencia y ambigüedad, que debería ser considerada una categoría sociológica de análisis junto con la dialéctica social. Los medios de comunicación social, al presentar los resultados a la prensa, se fijaron mucho más en los aspectos negativos, que revelan la cara sucia de toda sociedad. Y así, en forma simplificada, lo revelarían los siguientes datos: uno de cada diez jóvenes se autoconfiesan racistas y votarían a un partido político como el de Le Pen que echaría de España a marroquíes y negros; un 65% opina que en España hay ya suficientes trabajadores extranjeros y hay que impedir que entren más; un 51% piensan que los inmigrantes quitan puestos de trabajo y un 42% que contribuyen al aumento de droga y delincuencia; un 22% cree que la inmigración solo trae inconvenientes y un 55% que supone más inconvenientes que ventajas, frente a un 12% que ve más ventajas que inconvenientes; un 26% prefiere una España blanca, únicamente de cultura occidental, debiendo los inmigrantes dejar su cultura y asimilarse totalmente a la sociedad en la que viven. Y otros datos preocupantes, un 27% echaría a los gitanos de España, un 24% a los moros-árabes; un 13% a los negros africanos y un 15% a los judíos y a los asiáticos, siendo más inferior nivel de prejuicio contra los latinoamericanos blancos (8%), los europeos (4%) y "blancos" (2%). Existe un 38% que está de acuerdo en que "la raza occidental ha sido en la historia humana la más desarrollada, culta y superior." Todo esto es muy preocupante, máxime teniendo en cuenta, que en mi opinión, el neo-racismo español va a enmascararse y disimularse bajo una disimulada xenofobia hacia los inmigrantes en un discurso ideologizado opaco, en que la inmigración es un pretexto para canalizar los prejuicios racistas principalmente pero no exclusivamente, contra negros y marroquíes, pero que en el discurso formal se asocia a problemas de paro, droga e inseguridad ciudadana, y no tanto al color, y a la etnia, porque hoy en España "lo políticamente correcto" en la ética pública, incluida la política, es no aparecer como racistas; por eso se focaliza la pulsión xenófoba y racista bajo la más neutra y opaca frialdad del análisis de la inmigración y de sus consecuencias problemáticas y desintegradoras. Sin duda alguna que estos datos deben preocuparnos seriamente y deben mover a una acción política y educativa firme y contundente. Pero existen otros aspectos positivos que no han resaltado los medios de comunicación, y que reflejan la cara bondadosa de nuestros adolescentes, que son en su mayoría más solidarios y hospitalarios que la población adulta. He aquí otra forma más positiva de presentar el mismo fenómeno: la inmensa mayoría de nuestros adolescentes no se consideran racistas (86%), prefieren una España mestiza de muchas razas y culturas (65%), niegan que la raza blanca sea culturalmente

ideal indiscutible. Por otra parte, ante supuestas situaciones más concretas de convivencia en común, posible residencia o matrimonio, y máxime en situación de conflictos inter-étnicos, se recurre a otros principios etno-céntricos e intolerantes, a veces xenófobos o racistas; y todo ello, sin negar a nivel formal discursivo, los postulados axiológicos ideales y pautados de igualdad humana, recurriendo a legitimaciones ideológicas, que hacen descargar en los "otros" (los extraños, los diferentes, los extranjeros) la responsabilidad última de su marginación y discriminación etno-racial (Calvo, 2008, p. 18).

Cabe señalar que, a la inmigración cultural es considerada, tanto en España[16] como la Unión Europea y Estados Unidos como una amenaza que amenaza derribar las estructuras culturales de los países de acogida. Pero, realmente, es una "amenaza" que busca integrarse y enriquecer las diferentes culturas de acogida para constituir una sola ciudadanía a nivel de la raza humana, que, al fin y al cabo, debe ser el objetivo para que todas las razas puedan constituir en paz. Los países con culturas multiétnicas son los destinados a crecer económica, política, social y culturalmente.

En este aspecto, las culturas multiétnicas se ven amenazadas

superior (58%), un 65% cree que no se debe expulsar a ningún inmigrante, más un 15% que hay que "acoger a bastantes más," estando de acuerdo una numerosa mayoría en que no hay que echar a nadie de España.
16Tomás Calvo (2008, p. 50), sostiene que España hasta ayer y sigue siendo un país de inmigrantes: "Tres millones de españoles se fueron a otros países europeos a partir de la década de los 50. Cinco millones de españoles emigraron a América desde 1850 a 1950. Aún viven fuera 2 millones de ciudadanos españoles. En Venezuela y Argentina viven más españoles que todos los latinoamericanos que residen en España. En este aspecto, el 13 de marzo de 1997, se emitió la Declaración del Comité Español en el Año Europeo Contra el Racismo, que contenía estos dos puntos importantes: a) "La riqueza de España y de Europa, desde hace siglos, se nutre fundamentalmente de la diversidad de sus tradiciones, culturas, etnias, lenguas y religiones, y de la certeza de que los principios de tolerancia y convivencia democrática son la mejor garantía de la existencia de la propia sociedad española y europea, abierta y pluricultural: diversa", b) "España por su tradición histórica de convivencia entre pueblos y culturas, por su pertenencia al Mediterráneo, así como por sus lazos con Iberoamérica, puede facilitar el establecimiento de modelos de relación multiculturales con los inmigrantes." (Calvo, 2008, p. 51).

cuando la globalización o "integración universalista" es capaz de romper las fronteras étnicas culturales cerradas. En este sentido, son relevantes las palabras de Calvo, cuando manifiesta que:

> Nunca como ahora formamos parte toda la humanidad de una aldea global, interrelacionada por los medios de comunicación y caracterizada por la integración, el universalismo y la globalización. El mundo se ha convertido en una plaza grande, en un ágora, donde se mueven gentes de todas las razas y culturas, y en un gran mercado en el que libremente transitan capital, tecnología, recursos, empresas y productos (Calvo, 2004, p. 3)

Pero, paradójicamente, en esta integración de razas, culturas y mercado libre en vez de unir e integrar a todas las razas del mundo. Por el contrario, está propiciando una gran desigualdad, donde las riquezas se concentran en pocas manos y la inmensa mayoría de la población tiene que vender su mano de obra al mejor postor. De tal forma, que el "Otro", el diferente se ve forzado, muchas veces a dejar sus tierras, huyendo de las garras rapaces del águila del norte y de sus cómplices depredadores del resto del mundo con sus garfios ensangrentados, representados en el gran capital.

Por su parte, el mismo Calvo, advierte que:

> (…) en nuestra sociedad moderna de consumo se opera a la vez un proceso "universalista" de cierta homogeneidad económica, cultural y social, que podría metafóricamente denominarse de destribalización a nivel estructural; y a la vez se produce dialécticamente, como en un espejo cóncavo, un proceso inverso "particularista", etnocéntrico y nacionalista de retribalización a nivel simbólico de identidad étnica (Calvo, 2004, p. 5).

En esa carrera depredadora por los recursos naturales se ve socavada la identidad étnica y cultural del "Otro y diferente", que observan como son expulsados de sus territorios. Es así, como se incrementan los prejuicios, racismo, discriminación y persecución de los diferentes. Situación que son aprovechados por los grupos de derecha, ultra-derecha y organizaciones ultra-católicas y terroristas para criminalizar al que viene de afuera en busca de trabajo, que pueda satisfacer sus necesidades de pan, comida y techo. Ante toda esta situación: indiferencia al otro y acumulación de riquezas en pocas manos, los datos son escalofriantes[17].

No obstante, la indiferencia al "Otro" son compensados con la ingente cantidad de inmigrantes que cruzan las fronteras, especialmente, los procedentes de América Latina. Inmigrantes, que se hicieron visibles por su compromiso político, cultural y social. Llegaron a Europa, y en especial a España para realizar las tareas y trabajos que no quieren realizar los nativos. En este sentido,

[17]Tomás Calvo Buezas lo plantea con las siguientes cifras: "Y hoy la "basura" económica del mundo, si comparamos Norte/Sur, lo constituyen millones de seres humanos, que en pleno siglo XXI en el tercer milenio, pasan hambre y sufren por no satisfacer necesidades mínimas. Unos datos nos pintarán mejor el cuadro *Las 225 personas más ricas del mundo poseen tanto como un 47% de la humanidad.* La ONU cumple cada año la ingrata tarea de decirles al mundo cuál es la situación de los habitantes del planeta. Y el extenso informe de 1998, que no pretende ser "apocalíptico", confirma el proceso de concentración de la riqueza. Los 225 personajes más ricos acumulan una riqueza equivalente a la que tienen los 2.500 millones de habitantes más pobres (el 47% de la población). Las desigualdades alcanzan niveles de escalofrío: las tres personas más ricas del mundo (Bill Gates, el sultán de Brunei y Warren E. Buffett) tienen activos que superan el PIB (Producto Interior Bruto) combinado de los 48 países menos adelantados (600 millones de habitantes). Y, dicho de otra forma: el 20% de la población controla el 86% de la riqueza nivel mundial. 1.300 millones de pobres viven con ingresos inferiores a un dólar diario; los bienes de 358 personas más ricas de la Tierra son más valiosas que la renta anual de 2.600 millones de habitantes. Con tanta riqueza en algunos países, y tantísima pobreza en otros muchos *¿cómo sorprenderse de las migraciones* y del peregrinaje al paraíso prometido del Norte, que tan fantásticamente pintan en el Tercer Mundo las televisiones policromas modernas, que son el pan y el opio del pueblo para tantos millones de pobres en el mundo?" (2004, p. 5).

Martínez (1997, p. 87) y Blanco (1995), sostienen que no realizan los trabajos por ser mal pagados y malas condiciones. A este respecto, consideramos relevantes las afirmaciones futuristas de Calvo cuando asevera que:

La inmigración del Tercer Mundo a los países ricos, y de hispanoamericanos a España, será una seña de identidad en el siglo XXI. El desafío del próximo milenio es buscar el difícil, pero necesario, equilibrio entre igualdad y solidaridad, en el marco de una democracia constitucional, cuyo último referente sean los Derechos Humanos. "Todos los seres humanos –declara el artículo primero de la Declaración Universal de los Derechos Humanos, ONU, 1948 –nacen libres e iguales en dignidad y derechos, y dotados como están de razón y conciencia, deben confrontarse fraternalmente los unos con los otros" (Calvo, 2004, pp. 31-32).

Inmigración política

La inmigración política se puede definir como aquella donde las personas emigran por cuestiones meramente políticas. Este tipo de inmigración suele asociarse a la emigración forzada, ya sea por motivos políticos, con unos trasfondos bélicos, e incluso religiosos, donde la vida de las personas está sujeta a las persecuciones y amenazas permanentes hasta que la persona acosada decide emigrar del territorio.

El factor político actúa como un motivador de los movimientos de inmigración. Generalmente se produce, como lo habíamos mencionado anteriormente, cuando huyen de sus países por conflictos internos y se dirigen hacia otro país que vive en una democracia más moderada. Igualmente, las personas buscan países donde sus derechos básicos sean respetados. Esto ordinariamente, se consigue en un verdadero Estado de Derecho.

Es importante señalar que, dentro de esta categoría, se debe diferenciar entre emigrantes asilados o emigrantes refugiados o emigrantes desplazados. Los tres tipos de emigrantes son expulsados de sus territorios, porque casi siempre existe un conflicto político y huyen por amenazas a sus vidas. Si, es cierto que reciben asilo por parte del país receptor, algunos quedan abandonados a su suerte. A partir de allí, empiezan una larga búsqueda de empleo cuando los recursos asignados se agotan. Este tipo de inmigrante, generalmente, no es deportado, a menos que cometa un delito muy grave.

Estos inmigrantes se organizan para defender sus derechos. Se integran en movimientos de resistencia y se convierten en voces de la resistencia en el exterior. Suelen recibir amenazas de muerte desde sus países de origen. Algunos son acosados y perseguidos por agentes estatales o grupos al margen de la ley para ejecutar "trabajitos". Cuando el caso es muy grave son deportados.

Como los habíamos mencionado anteriormente, los flujos migratorios han sido una constante en la historia de la humanidad. Los seres humanos se han movilizado desde la antigüedad en busca de mejores condiciones de vida. Estas condiciones de vida están, muchas veces relacionadas a situaciones de tipo político, lo que hace en cierta forma, que las migraciones sean inevitables[18]. Pero, en las tres últimas décadas, el fenómeno migratorio se ha incrementado de forma alarmante.

____

[18]Según el Informe de sobre Desarrollo Humano del Programa de la Naciones Unidas para el Desarrollo (PNUD, (2009), más de mil millones personas dejan sus hogares por cuestiones diversas. Es decir, una de cada siete personas es migrante.

Cabe destacar que, la inmigración política puede generar crisis, desatando una situación de inseguridad institucional que puede poner en peligro al Estado y a sus ciudadanos. Si el país receptor de inmigrantes se encuentra en una posición de gobierno totalitario, donde se viola la libertad de expresión, se persigue a la oposición, hace que muchos ciudadanos abandonen el país por temor a que se violen sus derechos. Esto, por supuesto, crea una situación de incertidumbre en la población inmigrante.

En este aspecto, es importante recordar que, los objetivos sustanciales de la Unión Europea es tener una política de inmigración europea universal, fundamentada en la solidaridad y con visión de futuro. Esta política debe concertar una perspectiva de equilibrio para afrontar los retos de la inmigración legal e irregular que se ajuste a la base jurídica de los artículos 79 y 80 del Tratado de Funcionamiento de la Unión Europea (TFUE)[19].

Igualmente, es necesario resaltar que, la Unión Europea establece las siguientes competencias basadas, fundamentalmente en: **la inmigración legal**, que fija las condiciones de entrada y residencia legal de los nacionales de terceros países en un Estado comunitario, así como la reagrupación familiar, entre otros.; en **la integración**, para impulsar y abogar la acción de los Estados miembros que agilicen la integración de los nacionales de terceros países que arraiguen legalmente en su territorio; en la **lucha contra la inmigración irregular** para frustrar y disminuir la inmigración clandestina a través de una política eficiente de retorno que respete los derechos básicos de las personas; y la celebración de **Acuerdos de readmisión** con terceros países para la readmisión

19Fichas técnicas sobre la Unión Europea - 2023 1. www.europarl.europa.eu/factsheets/es

de naci0onales de terceros países que no cumplan o violen las condiciones de entrada, permanencia o residencia en cualquiera de los territorios de los Estados comunitarios[20].

La inmigración política puede generar crisis, desatando una situación de inseguridad institucional que puede poner en peligro al Estado y a sus ciudadanos. Si el país receptor de inmigrantes se encuentra en una posición de gobierno totalitario, donde se viola la libertad de expresión, se persigue a la oposición, hace que muchos ciudadanos abandonen el país por temor a que se violen sus derechos. Esto, por supuesto, crea una situación de incertidumbre en la población inmigrante. Esta política debe concertar una perspectiva de equilibrio para afrontar los retos de la inmigración legal e irregular que se ajuste a la base jurídica de los artículos 79 y 80 del Tratado de Funcionamiento de la Unión Europea (TFUE)[21]. En cuanto al espacio urbano, "los inmigrantes se han visto forzados a ubicarse en los sectores más degradados" (Jiménez et al. (2020). Asimismo, la complejidad del fenómeno migratorio hace que los gobiernos actuales busquen adaptarse a las situaciones políticas, sociales y económicas, que cada día son más cambiantes, complicadas, y complejas (Mora y Garrido (2018). Igualmente, la inmigración busca adaptarse al territorio que cumplan los objetivos de sostenibilidad y cohesión en un entorno de competitividad (Sotelo, I., 2021). Pero, esta adaptación de la inmigración, también implica el espacio rural, donde se pueda implementar políticas de seguridad alimentaria, conservación de recursos naturales débiles, aliviar el cambio climático y diseñar estrategias para la conservación de un medio y una agricultura sostenible (Tolón y Lastra Bravo,

---

20 Ibíd, p. 2
21Fichas técnicas sobre la Unión Europea - 2023 1. www.europarl.europa.eu/factsheets/es

2010). Para una mayor consolidación de la inmigración y la sostenibilidad ambiental es fundamental proyectarse hacia el derecho medioambiental como principio axial de toda política medioambiental que permita fortalecer a España como un Estado de derecho (Sotelo Pérez, I, Sotelo Navalpotro, J.A. y Sotelo Pérez, M., 2021). En todo caso, la inmigración que llega a España, es una inmigración o desplazamiento forzado que huye de sus países, que tienen mucho en común como la geografía, la lengua o la historia, por lo que resulta una población bastante conocida (Alcolea Moratilla, 2000).

Finalmente, podíamos decir que la inmigración política genera un escaso número de personas oficialmente, pues lleva la necesidad del reconocimiento de asilo político, protección policial y otros rubros fundamentales para un exiliado político, entre otros, etc., pero la situación política, con repercusiones sociales y económicas de algunos países en la actualidad, ha generado e impulsado a su población a la emigración, como es el caso de Venezuela.

Inmigración económica.
La inmigración económica es una de las mayores causas por lo cual las personas emigran a otros países. Generalmente, buscan mejorar sus condiciones económicas, ya que en sus países de origen las oportunidades de trabajo son muy escasas. Este tipo de inmigración suele definirse como la movilización o desplazamiento de personas hacia otros lugares donde las oportunidades laborales pueden mejorar sus condiciones de vida. Asimismo, la inmigración ocasionada por factores económicos afecta más a las personas más jóvenes que son motivados para lograr un mejor futuro, tanto para ellos como sus familias.

La inmigración económica puede generar situaciones de racismo o xenofobia en el país de acogida. Y, en muchos casos crea conflictos con la población nativa porque creen que se les está quitando el trabajo. Esta inmigración crea las bases o es caldo de cultivo de los grupos o colectivos fascistas o de ultra-derecha. Al respecto, Salcido y Calderón, afirman que:

> En el caso de los inmigrantes, al haber un superávit de fuerza de trabajo bien, estar sobrerrepresentada en ciertos sectores —precarizados, por otro lado— se produce una tendencia xenofóbica. Con ella, se percibe al extranjero como la causa de problemas que, en realidad, son parte de la situación particular de la estructura productiva (…). Estas condiciones estructurales se traducen en la diversificación del entorno de vulnerabilidad, ante el cual el inmigrante tiene que producir "resiliencia" so pena de perecer si no articula respuestas estratégicas (Salcido y Calderón, 2019, p. 410).

Desde este punto de vista, los inmigrantes desarrollan y adaptan estrategias de tenacidad que los impulsa a afiliarse a los movimientos o colectivas de resistencia en el país receptor. Según Aysa-Lastra y Cachón, citado por Salcido y Calderón (2019), "en los estudios sobre inmigración, la resistencia debe ser considerada como una capacidad de los agentes, de los inmigrantes, y no de los sistemas sociales o de las instituciones"[22]

En estos sistemas o estructuras sociales se originan las condiciones de vulnerabilidad de la población inmigrante. Estructuras que le son extrañas para todas las personas que llegan al país en condiciones de indocumentados. Asimismo, el desarrollo de la capacidad de

---

[22]Aysa-Lastra, M., Cachón, L. (2015-2016). "Resistencia desde la vulnerabilidad: inmigrantes latinos en España y Estados Unidos", *Anuario cidob de la inmigración 2015-2016*, p. 142.

resistencia del inmigrante es el resultado de una acumulación de riqueza interna o capital social que lo hace más fuerte ante situaciones adversas. Portes y Sensenbrenner (2012, p. 21) confirmaron está afirmación cuando declaró que el capital social genera esperanzas para la acción de los movimientos de inmigrantes que los conduce a objetivos económicos de vital importancia para su supervivencia.

Para Vertovek (2006), el proceso de inmigración evoluciona de forma diferente de acuerdo a las características específicas de cada grupo en particular. Por ejemplo, los inmigrantes de África o de Oriente Próximo o Asia o de Europa del Este tienen diferencias culturales, étnicas o religiosas totalmente distintas. Hoy, los inmigrantes africanos son estigmatizados por el color de su piel, los musulmanes por su condición religiosa y los latinoamericanos por su procedencia de países subdesarrollados. En España usan el término despectivo de "sudaka" para dirigirse a los latinoamericanos. Es decir, al inmigrante se le estigmatiza por condiciones que en países civilizados son normales como: raza, género, ideología política o religiosa o creencias tabúes. Esta estigmatización, generalmente, proviene del lenguaje de odio de los grupos de ultra-derecha o fascistas.

De todas formas, la capacidad de resistencia de los inmigrantes se ve recompensada por la capacidad que tenga en cuanto al nivel educativo, adaptación cultural, habilidades y competencias para el trabajo y competencia lingüística. Factores que le pueden abrir las puertas ante momentos difíciles. Generalmente, el inmigrante típico proviene de países en vía de desarrollo, pueden ser de origen campesino, obrero de las clases bajas o indígena. Aysa-Lastra y

Cachón (2015-2016, p. 144) en sus estudios con inmigrantes cree que estos perciben una inestabilidad social baja cuando atraviesan las fronteras, ya que desempeñan posiciones o labores de menor influencia que los que desempeñaban en sus países de origen.

Los inmigrantes fuera de sus fronteras se ven abocados a realizar todo tipo de trabajo, incluso por debajo de sus expectativas de educación. Esta condición les permite desarrollar capacidad de resistencia a través de la

> (...) organización de "redes sociales", las cuales se constituyen como el factor más efectivo en el proceso migratorio, al dinamizar la acción de los grupos étnicos minoritarios. Las redes permiten desarrollar mecanismos autárquicos de comunicación, facilitando el flujo migratorio al socializar "contactos", posibilidades de financiamiento, alojamiento, integración al trabajo, y a grupos afines por su origen (Salcido y Calderón, 2019, p. 411).

Para López et al. (2014, p. 41), estas redes conforman grupos "de individuos que, mediante el vínculo de la amistad, lazos solidarios o de parentesco y/o experiencia laboral, garantizan el desplazamiento, continuidad y reproducción de los migrantes". Esta garantía se ve fortalecida por amigos o familiares que transfieren dinero al lugar de origen. De esta forma, sus familiares pueden solucionar sus problemas económicos y crear las bases para que las nuevas generaciones de inmigrantes puedan continuar con el proceso de inmigración.

La inmigración económica puede generar capital social a través de la expansión de las redes afectando los costes y beneficios con todos los riesgos que pueden aparecer por el uso masivo de las tecnologías de información y comunicación. Esta inmigración económica, también, puede generar contaminación ambiental al ejercer presión sobre los servicios públicos que pueden crear caos en la sostenibilidad ambiental. En este aspecto, Salcido y Calderón (2019, p. 412) entienden que, en la inmigración, principalmente indocumentada, se crea una especie de solidaridad obligada que termina por fortalecer los lazos de amistad y parentesco, que termina por fortalecer los vínculos en las comunidades expulsoras de personas.

Siguiendo a (Salcido y Calderón, 2019), se puede afirmar que las redes sociales y los inmigrantes conforman un tándem que permite fortalecer y generar estrategias de resistencia ante las fuerzas represivas del Estado y de los grupos de ultra-derecha que muchas veces actúan en complicidad con los grandes poderes económicos. Asimismo, estas redes permiten buscar empleo y piso de alquiler, avisar cuando la policía está realizando batidas o simplemente cruzar la frontera para llegar a otro país menos represivo o para regresar al hogar.

Sin embargo, no todas las actividades en las redes sociales son buenas o mejor dicho no dan buenos resultados, ya que muchos inmigrantes, especialmente mujeres, son captadas a través de estos medios para utilizarlas en trata de blancas, con el clásico anzuelo del "empleo". Pero, también puede existir un abuso por parte de las personas que están recibiendo dinero para su manutención, resultando costoso para el inmigrante que corre muchos riesgos. De todas formas, el ingresar a otro país indocumentado ya es un acto de gran resistencia, que se va fortaleciendo a medida que se desplaza en la búsqueda de empleo.

En este sentido, consideramos relevantes las afirmaciones de Boyd[23], citado por Salcido y Calderón (2019, p. 412), que piensan que, las redes sociales articulan a los inmigrantes en el tiempo y el espacio. Donde, además se crean canales de información, apoyo y obligaciones entre los inmigrantes en el país de acogida y los parientes en la zona de envío. No obstante, dentro de las redes sociales se articulan las redes migratorias. Un concepto que juega un papel muy importante en los estudios sobre migraciones contemporáneas. En este sentido, Massey et al. (1998), define las redes migratorias como:

> (…) conjuntos de relaciones interpersonales que vinculan a los inmigrantes, a emigrantes retornados o a candidatos a la emigración con parientes, amigos o compatriotas, ya sea en el país de origen o en el de destino. Las redes transmiten información, proporcionan ayuda económica o alojamiento y prestan apoyo a los migrantes de distintas formas. De estas múltiples formas facilitan la migración al reducir sus costos y la incertidumbre que frecuentemente la acompaña (Massey et al., 1998, pp. 42–43).

Asimismo, las redes migratorias son consideradas como capital social, como señala Massey et al. (1987), al establecer relaciones sociales que permiten el acceso a fuentes de dinero como el empleo u otros medios de tipo económico. Esta fuente de empleo puede inducir a la emigración o el "efecto llamada" de colectivos que altamente vulnerables. Las redes migratorias han incrementado el flujo migratorio, de tal forma, que los Estados se ven impotentes para controlar, no solo, a la inmigración legal, sino

---

23Boyd, M. (2005). "Family and personal networks in international migration: Recent developments and new agendas", *International Migration Review*, vol. 23, núm. 3. Coriat, B., El taller y el cronómetro, México, Siglo XXI, p. 641.

también, irregular. En esta perspectiva,

> Muchos migrantes se deciden a emigrar porque otros relacionados con ellos lo han hecho con anterioridad. Por ello las redes tienen un efecto multiplicador, implícito en la venerable noción de «migración en cadena». Pero, además, el papel fundamental que por lo general han desempeñado las redes en las corrientes migratorias se ve reforzado en nuestros días, en un mundo en el que la circulación está fuertemente restringida. Y ello por dos motivos: por un lado, porque en muchos países la reunificación familiar nutre, en medidas muy importantes, los flujos migratorios; por otro, porque la importancia de las redes sociales es tanto mayor cuantos mayores sean las dificultades para acceder a los países receptores, por su virtualidad de reducir los costes y riesgos de la migración, incluido el que representa la incertidumbre (Massey et al.,1987, p. 20).

A pesar, de todas estas incertidumbres del fenómeno migratorio, las redes migratorias siguen aumentando años tras años, mostrando un crecimiento constante y permanente, que desborda los más mínimos atisbo de esperanza para controlar este fenómeno milenario que sigue azotando a las civilizaciones modernas. No obstante, las redes migratorias constituyen, a decir, de Faist (1997), citado de Massey (1987, p. 20), un nivel relacional entre el plano micro de las decisiones individuales y el plano macro de los determinantes estructurales.

Esas interrelaciones entre decisiones individuales y determinantes estructurales son condicionantes para reflejar las desigualdades salariales y económicas y disparar los flujos migratorios a uno y otro lado del océano, por aquello de la globalización de la economía en el modelo neoliberal bajo el marco de la teoría neoclásica. Además, algunos países tienen altas tasas de inmigración y otros no, a pesar, de estar estructuralmente, en condiciones similares. Es decir, el volumen de inmigrantes entre regiones de origen y regiones receptoras no guarda proporción en relación con la magnitud de las desigualdades económicas que las separan. A este respecto, consideramos relevantes las afirmaciones de Arango, que entiende que:

> (…) en esencia, una teoría de la movilidad de los factores de producción de acuerdo con los precios relativos, la teoría neoclásica se muestra cada vez más incapaz de adaptarse a un mundo erizado de barreras que dificultan, seriamente, el movimiento de la mano de obra (…) (Arango, 2003, pp. 7-8).

Cabe señalar que, la movilidad o el flujo migratorio, actualmente, está condicionado por los factores políticos, donde pesa más que las diferencias salariales. Por eso, muchas personas que ingresan a un país, se les mira sus condiciones económicas, sus títulos, sus conexiones con familiares o demandantes de asilo o refugiados. Estos factores pueden hacer más viable el otorgamiento de la visa de residencia y trabajo, a la vez, que son "más productivos" para el país de acogida.

El condicionamiento de la inmigración por los factores políticos es lo que, usualmente, conlleva a conflictos fronterizos entre países miembros de una organización, como es el caso de la Unión Europea, donde la diversidad de regímenes de gobierno y la pluralidad de partidos políticos han enfrentado a unas naciones con otra. Como el caso de gobiernos gobernados por la derecha como Polonia y Hungría o países liderados por regímenes de izquierda o moderados como España o Portugal. En estos casos, el flujo migratorio, depende de las fuerzas que se libren al interior de la Comisión Europea. Pero, todos sabemos que las diferencias salariales son un potente impulsar para que los inmigrantes se desplacen hacia uno u otro lugar. En este sentido, son relevantes las afirmaciones de Arango (2003), cuando sostiene que:

> (…) La libertad de circulación, para los nacionales de los [veintiocho] Estados miembros, coexiste con un volumen muy limitado de migración entre los diferentes países de la Unión, a pesar de las diferencias considerables en los niveles de salarios y bienestar que siguen existiendo. Esta realidad pone en tela de juicio la propensión general a desplazarse, postulada por la teoría neoclásica, cuando existen diferencias salariales de magnitud suficiente para compensar los costes del traslado. En nuestros días, la escasa movilidad de trabajadores, entre los distintos países que componen la Unión Europea, sugiere que la propensión a migrar no depende sólo de las diferencias salariales entre países o regiones, sino también del nivel de ingresos y bienestar del propio país y que, traspasado un determinado umbral de bienestar, esa tendencia disminuye hasta desaparecer (…) (Arango, 2003, p. 9).

De todas formas, la teoría neoclásica de las inmigraciones se atiene solamente a los factores económicos, y no tiene en cuenta algunos aspectos importantes en el flujo de inmigrantes como: la situación cultural de los inmigrantes, que resulta de vital importancia a la hora de emprender el rumbo hacia otro lugar; meter a todos los inmigrantes en el mismo saco, cuando todos sabemos que existen diferencias culturales entre ellos; por considerar la inmigración como un fenómeno estático; por identificar inmigrantes con delincuentes o trabajadores, cuando sabemos que existen otros tipos de inmigrantes con estatus social, calificados por los medios como "extranjeros".

Como lo habíamos mencionado anteriormente, la inmigración económica sigue siendo una de las causas principales por las cuales las personas se trasladan de un lugar a otro. Esta inmigración económica contribuye a enriquecer y aplicar la teoría del capital social, que de acuerdo a Portes (1995), citado por Masanet y Santacreu (2010), se

> (…) centran en la importancia de las redes sociales como fuente de recursos materiales e inmateriales (acceso a la vivienda y al empleo, apoyo afectivo, etc.), en los procesos de inserción social de la población inmigrante en la sociedad de acogida, procesos que oscilan entre el éxito o el fracaso (Masanet y Santacreu, 2010, p. 54)

Siguiendo a Portes (1995, p. 54), que en sus estudios con poblaciones de inmigrantes en Estados Unidos encontró que el capital social es distinto de acuerdo con el grupo étnico o de la procedencia a la que pertenecen o de la estructura social o localidad a la que arriban. Asimismo, el capital social, es decir, las redes sociales, las instituciones, los movimientos y asociaciones de los inmigrantes, según Massey y Espinosa (1997, p. 55), pueden ser uno de los elementos que ayudan a explicar la inmigración, su condición selectiva, el sostenimiento y los flujos de inmigración a través del tiempo y el espacio.

Como es conocido por todos, el capital social representa uno de los factores que aumenta la riqueza de las comunidades, especialmente, de aquellas poblaciones que emigran y se establecen en regiones o territorios con cultura y comportamientos totalmente diferente. Este capital social de los inmigrantes, como es el caso en la ciudad de Valencia contribuyen a generar desarrollo económico, social, cultural y político. En este sentido, son relevantes las palabras de Martín-Hernández et al. (2007), citado por Masanet y Santacreu (2010), al afirmar que el capital social de los inmigrantes en provincias despobladas y con altas tasas de abandono como Teruel, pueden ser una opción fundamental para incrementar el capital humano y polivalente.

Es importante señalar que el capital social de la población inmigrante en Valencia puede generar riqueza a través de las asociaciones y movimientos de inmigrantes, que se manifiestan en las dimensiones e indicadores, lo cual puede contribuir a la cohesión social del país de acogida. Estas dimensiones e indicadores del capital social, según Masanet y Santacreu (2010, p. 56), pueden ser los siguientes: participación de los inmigrantes en asociaciones de inmigrantes, en organizaciones diferentes a las de su colectivo de pertenencia; en la interacción y cooperación entre asociaciones de inmigrantes, colaboración entre instituciones del Estado y asociaciones de inmigrantes; reconocimiento social e institucional por parte de la administración pública de las organizaciones de inmigrantes y capacidad de defender y proteger los intereses de los ciudadanos que representan, entre otros.

Cabe señalar que, la inmigración actualmente, especialmente, en los últimos veinticinco años del siglo XX, el flujo de personas indocumentadas en el mundo ha experimentado un aumento extraordinario. Aumento que ha provocado cambios y transformaciones, que de una u otra manera, han modificado el flujo y conexiones de los inmigrantes por el mundo.

En este sentido, son relevantes las afirmaciones de Arango (2003) al afirmar que:

> La composición de los flujos migratorios es incomparablemente más heterogénea, tanto en lo que respecta a las procedencias de los

migrantes como a sus características personales. Asia, África y América Latina han reemplazado a Europa como principales regiones de origen. La nómina de sociedades receptoras de inmigración ha crecido sobre manera y, muchas de las nuevas, presentan rasgos diametralmente opuestos a los que caracterizaban a los principales países receptores en la era anterior. La demanda de trabajo foráneo, en la mayor parte de las sociedades receptoras, ha cambiado tanto en volumen como en la naturaleza de los puestos de trabajo que aguardan a los inmigrantes. Se ha modificado significativamente el modo de valorar la inmigración" (Arango, 2003, p. 11).

Esta modificación del flujo y redes de inmigrantes ha traído, igualmente, una serie de restricciones, tanto en el ingreso, como en la permanencia de los inmigrantes en los países de acogida, especialmente, a las personas indocumentadas en la Unión Europea. A esto, se ha aunado, los otros tipos de inmigraciones como los flujos irregulares o tráficos clandestinos, que han sustituido a las inmigraciones, básicamente de tipo laboral para mejorar sus condiciones de vida.

Algunos autores como Arango (2003, p. 11), sostienen que las inmigraciones han entrado en una nueva fase por la capacidad de cruzar fronteras, regiones y pueblos. Estos cambios, posiblemente, sea la antesala de nuevas formas de interpretar el proceso inmigratorio. De visionarlos y verlos como lo que realmente son: personas que emigran para mejorar sus condiciones de vida. Y, emigran, casi siempre, por conflictos internos, por desastres medioambientales, por persecuciones políticas, etc. Este tipo de pensamiento parece influido por las percepciones que tiene la gente: el flujo constante y permanente de personas cruzando fronteras llenando los titulares de los medios y las conversaciones de los paisanos en cualquier instancia y tiempo indeterminado.

Las inmigraciones, como realidad compleja que muta permanentemente, asimismo, ha provocado múltiples corrientes y teorías conceptuales en diversas disciplinas científicas con el fin de analizar y estudiar el comportamiento humano sujeto a la movilidad activa o pasiva. De todas formas, la movilidad del hombre ha sido una constante en la ser humano a través de la historia. No será la primera ni la última vez que siga contemplando su quehacer diario y reflejándose en su propio espejo, como si caminara paralelo a su propia existencia en su realidad virtual.

Inmigración ambiental.

Los seres humanos han estado migrando desde la antigüedad. Han emigrado por diferentes motivos. Uno de los más apremiantes fue la búsqueda de alimentos para alimentar a la comunidad. Esto ha originado una relación histórica entre medio ambiente y migración humana. Entonces, la inmigración ambiental se puede definir como aquella donde las personas emigran por cuestiones ambientales, donde el flujo migratorio puede alterar el ecosistema, especialmente, cuando no existen programas de contención ambiental que puedan paliar los daños ocasionados.

Según Brown[24], citado por Pérez (2020, p. 1), las antiguas civilizaciones de Egipto y Mesopotamia fueron consecuencia de las migraciones cercanas a los ríos de pueblos que abandonaron campos de cereales o dehesas avenados por cuestiones

---

24Véase: Brown, Oli. Migración y cambio climático (Informe en la Web). OIM. 2008: 21. (Consultado 08-06-2010): 56 p. Disponible en: http://www.derechoshumanosbolivia.org/archivos/biblioteca/ migracion y cambio climtico oim.pdf. Véase también: Pérez, García, Yulianela. *Medio ambiente y migraciones: apuntes para un debate.* Recuperado el 23 de octubre de 2020 en https://www.monografias.com/trabajos84/medio-ambiente-migraciones/medio-ambiente-migraciones.shtml.

ambientales. Esto explica porque las personas se han desplazado como respuesta a cambios climáticos, donde este puede cambiar los objetivos o fines de toda una civilización.

A este respecto, consideramos relevantes las afirmaciones de Pérez, que entiende que:

La migración siempre ha sido un importante mecanismo para enfrentarse a la presión del clima. Sin embargo, en los últimos 20 años, la comunidad internacional ha comenzado lentamente a reconocer los amplios vínculos e implicaciones que el medio ambiente tiene sobre la movilidad humana. El cambio climático y sus efectos hacen aún más compleja esta relación, pues acelera la degradación medioambiental lo cual incide directamente sobre los índices de migración humana (Pérez, 2020:, p. 2).

En este sentido, la Organización Internacional de Migraciones (OIM, 2009)[25], considera que en el mundo habrá para 2050 unos 200 millones de personas desplazadas por cuestiones ambientales. Cifra que se va incrementado en la medida que los líderes mundiales hagan caso omiso de esta situación o de la pasividad de la población mundial.

Cabe hacer referencia, que la relación entre la dimensión ambiental y el flujo migratorio puede alcanzar múltiples dimensiones, niveles espaciales y temporales. En este sentido, Izazola (2003) afirma que:

25Véase: "Migration, Environment and Climate Change: Assessing the Evidence" (Informe en la Web). OIM. 2009: 9. (Consultado 18-02-2011): 441p. La OIM se basa en las predicciones del investigador de Norman Myers de la Universidad de Oxford. Disponible en: http://www.gmfus.org/galleries/default-file/Lazcko_MAH_EditsV2.pdf. Igualmente, disponible en: Pérez, García, Yulianela. *Medio ambiente y migraciones: apuntes para un debate.* Recuperado el 23 de octubre de 2020 en https://www.monografias.com/trabajos84/medio-ambiente-migraciones/medio-ambiente-migraciones.shtml

(…) la decisión ambiental puede encontrarse en el núcleo mismo de las decisiones migratorias, su identificación no es tarea fácil, dada la ambigüedad del concepto ambiente, que varía dependiendo de las inquietudes propias de los investigadores involucrados en el tema. Puede referirse al medio ambiente natural, destacando algunos de sus componentes; al medio ambiente construido o, al medio ambiente social en el que se desarrolla la vida cotidiana de los habitantes de un determinado lugar (Izazola, 2003, p. 124).

La movilidad social de la población impone reto a la sociedad, dada la diversidad migratoria debido a problemas ambientales. Estos múltiples desplazamientos, ya sean de corta, mediana o larga duración implican un esfuerzo enorme a las autoridades para dar solución a un problema en permanente evolución. Generalmente, la migración ambiental requiere solución rápida para evitar que el problema se les salga de las manos. Implica, reconfigurar la prestación de servicios públicos de forma urgente como alimentación y vivienda.

En este aspecto son relevantes las afirmaciones de Tibán-Guala (2000, p. 56), que entiende que "el desarrollo no debe ser sostenido, sino sostenible", ya que el primero indica continuar con la acumulación de forma insostenible degradando más el medio ambiente. Asimismo, Reyes-Sánchez (2012), citado por Gibrán, Tobón et al. (2019), sostienen que la sustentabilidad se refiere a un modelo de economía productiva que va en contra de la protección del medio ambiente. En este aspecto, Fernández y Gutiérrez (2013), citado por Gibrán et al. (2019) finalizan que:

(…) el desarrollo sustentable (insostenible) es un crecimiento económico que no toma en cuenta el deterioro ambiental y social que genera, y que el termino sustentable posee similitud al de capitalismo, en donde los que menos tienen, trabajan para satisfacer las necesidades de los que más tienen en una sociedad no igualitaria, explotada en sus recursos humanos y naturales (Gibrán et al. 2019, p. 56).

El desarrollo sustentable como elemento característico del modelo capitalista atenta contra el desarrollo sostenible de los pueblos indígenas de América Latina. En esa línea de pensamiento, Giddings, Hopwood, O'Brien (2002, pp. 188-190), y Gutiérrez-Garza (2007, pp. 47-50) sostienen que el desarrollo sostenible es una propuesta enmarcada dentro de las dimensiones ecológicas, económicas y sociales, que constituiría el resultado para construir un enfoque integral del modelo sostenible. En este sentido, siguiendo a López-Ricalde et al. (2005), Anghel et al. (2014) y Berglund et al. (2014), citados por Gibrán et al. (2019, p. 57), afirman que, el desarrollo sostenible desde el enfoque integral permite incrementar la calidad de vida de las personas, preservar la naturaleza, así como los procesos de equidad de género, biodiversidad, distribución equitativa de la riqueza, cambio de actitudes éticas y educativas y compromiso de todos con la sociedad.

De igual manera, consideramos relevantes las afirmaciones de Lozano (2006, p. 10), que entiende que el desarrollo sostenible es un proceso de transformaciones y cambio, donde las sociedades mejoran su calidad de vida para alcanzar un equilibrio dinámico entre los aspectos sociales y económicos que les permita conservar y mejorar el medio ambiente.

Siguiendo a Gibrán et al. (2019) se puede afirmar que el desarrollo sostenible es consecuencia de manejar valores éticos, culturales, educativos y sociales dentro del entorno de la participación ciudadana y medioambiental para garantizar la seguridad alimentaria de las futuras generaciones.

La participación ciudadana y la educación ambiental están estrechamente relacionadas para garantizar la calidad medioambiental del entorno. Para ello, es necesario y fundamental abrir y aumentar los espacios de educación. De tal forma, que podamos emigrar hacia transición de una sociedad más sostenible. En este sentido, Gil-Osorio, (2012, pp. 237-238), sostiene que para transitar hacia la sociedad sostenible deben existir cambios significativos en nuestro estilo de vida, en nuestra forma de pensar y en nuestra forma de gestionar el conocimiento. Asimismo, González-Gaudiano (2006, p. 55) y Gil-Osorio (2012, p. 240), opinan que, en la Cumbre Mundial sobre Medio Ambiente y Desarrollo en Río de Janeiro, la palabra que más impactó a los presentes fue educación.

Por su parte, Cartagena et al. (2005, pp. 343-344), resumen el desarrollo sostenible como un proceso donde la educación, como parte principal, debe generar conciencia pública a través de la participación de los ciudadanos, de tal forma que la gente pueda tomar decisiones que impacten su calidad de vida. En este sentido, la educación, como sistema visible en el campo social y cultural, se convertiría en el objetivo de cualquier iniciativa que conlleve al desarrollo sostenible.

En este posición, la educación como eje principal de cualquier programa de sostenibilidad ambiental, debe sustentarse en todo un sistema de ética, valores sociales, actitudes y aptitudes culturales que abran el camino a nuevas formas de pensar dentro del marco del desarrollo sostenible. A este respecto, consideramos relevantes las afirmaciones de Severiche-Sierra et al. (2016), León-Rodríguez e Infante- Bonfiglio (2014), citados por Gibrán et al. (2019), que comprenden que, la educación ambiental en el medio educativo es fundamental para incorporarla como componente transversal, donde:

> (…) los temas transversales se deben de planificar con contenidos que aborden primeramente conflictos de trascendencia y actualidad, que sean contenidos a desarrollar dentro de las áreas curriculares, en una doble perspectiva, contextualizándolas en espacios relacionados con la realidad, problemas actuales del mundo, otorgándoles una valía funcional y de inmediata aplicación respecto a la comprensión y a la posible transformación positiva de dichos problemas así como de la realidad misma (Gibrán et al., 2019, p. 61).

Esta transformación de la realidad misma debe conducir a los ciudadanos a formar un pensamiento crítico que provoque el desarrollo sostenible en todas sus facetas. En este sentido, es importante entender que el desarrollo sostenible se ha venido consolidando en los últimos años como noción de "sostenible", ya que, Fernández y Gutiérrez (2013) y Reyes-Sánchez (2012), citado por Gibrán et al., (2019, p. 67), entienden que "el concepto de sustentable evoca una alta similitud al capitalismo y se fundamenta con un crecimiento económico que no atiende el deterioro ambiental y social que ocasiona".

A este respecto, es fundamental que el concepto de desarrollo sostenible esté sujeto a múltiples consideraciones de acuerdo con los intereses que se manejen en ello. Por ejemplo, si se tiene en cuenta el desarrollo sostenible desde el enfoque económico, es muy probable que, desde el marco del capitalismo, se le valore, pero desde una óptica de incremento de las ganancias a costa de cualquier precio. Es decir, si más ganancias, se pueden establecer verdaderos programas medioambientales con mira a potenciar el desarrollo sostenible. Pero, si se tiene en cuenta el desarrollo sostenible desde el enfoque político o ideológico, entonces, podríamos observar verdaderas batallas fratricidas con el objetivo de aupar al partido de turno en el gobierno. Cabe señalar que, a la luz de los nuevos acontecimientos, el concepto de desarrollo sostenible debe entenderse desde la visión integradora en los social, cultural, económico y ecológico.

Finalmente, en este aspecto, son asertivas las reflexiones de Gibrán, cuando afirma que el desarrollo sostenible se:

> (…) debe de articular constructivamente y de forma sinérgica los ejes sociales, económicos y ecológicos, denotando que el eje económico deberá de estar basado en el conocimiento. De manera específica para el eje social y siendo la socioformación (comunitaria, organizacional y educativa) un eje rector, se conceptualizaría al desarrollo social sostenible como el que articula de manera constructiva y equilibrada las metas sociales, económicas y ecológicas. Específicamente los miembros que integran la sociedad actúan con valores, actitudes y acciones éticas, trabajando de manera colaborativa y participando activamente en la toma de decisiones y generando propuestas, proyectando y evaluando su actuar a corto, mediano y largo plazo de manera propia, con sus conespecíficos y heteroespecíficos y su ambiente (Gibrán, 2019, p. 67)

La articulación del desarrollo sostenible a la política de inmigración en la Ley de Extranjería, puede posibilitar cambios y transformaciones en el imaginario y visión que tienen los inmigrantes sobre el medio ambiente cuando son acogidos en un país. Esta visión ambiental se puede completar con los conocimientos adquiridos en el nuevo país. Entonces, una verdadera política de integración de los inmigrantes tendría en cuenta las aptitudes y actitudes de origen para analizarlos y proyectarlos hacia una nueva misión integradora del medio ambiente dentro del marco de desarrollo sostenible.

Uno de los elementos importantes en las sociedades receptoras de inmigrantes es el factor educación. Estas creen que la escuela puede jugar un papel importante para regularizar y homogenizar a las personas llegas de otros países. A este respecto, consideremos relevantes las afirmaciones de Franklin, citado por Salcido y Calderón (2019), que entiende que:

> (...) la escuela era considerada como una institución que podía conservar la hegemonía cultural de una población "nativa" comprometida en una batalla. La educación era el modo en que debía ser protegida la vida de la comunidad y los valores, normas y ventajas económicas de los poderosos. La escuela podía ser el motor de una gran cruzada moral para que los hijos de los inmigrantes y los negros fueran como "nosotros" (…) La escuela reflejaba la actitud del público nativo general, que deseaba americanizar los hábitos del inmigrante, no su estatus (Salcido y Calderón, 2019, p. 401).

Es así, como a finales del siglo XIX en Estados Unidos los inmigrantes constituían una amenaza a la sociedad estadounidense, amenaza alimentada por los grupos puritanos, que a su vez eran descendientes de inmigrantes llegados en la primera y segunda ola de europeos al continente americano. Sospechaban, de acuerdo con Salcido y Calderón (2019), que los inmigrantes tenían una tasa de nacimiento superior a la población nativa por lo que pronto serían superados en números. Inmigrantes con tradiciones, cultura, lengua, religión y política diferentes eran una amenaza para una cultura y población homogénea.

Este aumento de la población inmigrante creaba un ambiente de racismo y xenofobia en la población receptora que tenía fuertes ideales de pensamiento y tradición conservadora, fue calando debido al proceso de aculturación de los inmigrantes. Esto sucedía paralelo a la integración de los inmigrantes al trabajo, a la lengua y a la cultura local. De tal forma, que los inmigrantes ya eran parte, no solo poblacional, sino cultural, política y socialmente. En este aspecto, Salcido y calderón señalan que:

> Esta característica de mutuo beneficio de los procesos migratorios, reconocida casi por todas las sociedades receptoras en la etapa regulada del capitalismo, sufrió alteraciones cualitativas y cuantitativas con el resurgimiento de las crisis en la economía capitalista a fines de la década de los sesenta (Salcido y Calderón, 2019, p. 403).

Cabe aludir que, en el Estado español en un esfuerzo por implementar medidas de control fronterizo, ha endurecido las políticas de control y repatriación de personas en situación de irregularidad. En 2008, como prueba de esta lucha que se ha llevado a cabo de" manera eficaz" contra la inmigración irregular, el gobierno de España mostró cifras de reducción de más del 50% de las personas procedentes de África.

Para Bazzaco (2008), esta lucha eficaz se cobró 876 muertes documentadas de inmigrantes llegados a las costas españolas. En este aspecto, el autor afirma que:

> Muchas más fueron las muertes y las desapariciones de las que no se supo nunca y de las que nunca se sabrá, a las que hay que añadir la

invisibilidad de aquellas otras personas que no pudieron llegar a salir del continente y esperan su oportunidad en pésimas condiciones. Todos estos fueron realmente, en el último año, los resultados de los esfuerzos del Gobierno español para contener la inmigración desde los países africanos (Bazzaco, 2008, p. 76).

Con respecto a esto, la Comisión Europea en 2007 intentó facilitar la contratación de trabajadores inmigrantes altamente calificados para cubrir la demanda de los Estados miembros. Para ello era necesario que el trabajador inmigrante pudiera acceder a la "blue card" o tarjeta azul para tener un contrato de al menos de un año y el salario debería ser tres veces al salario mínimo de su país. Esto como era de suponer creaba un impacto negativo, que para Bazzaco (2008), facilitaba la "fuga de cerebros" de los países en vía de desarrollo. En este aspecto, Bazzaco señala que:

La adopción de la blue card supondría una división del trabajo añadida a las que ya existen: entre trabajadores nacionales y extranjeros, entre trabajadores comunitarios y no comunitarios, entre personas en situación regular e irregular. La Europa actual acepta la necesidad de la inmigración para mantener su economía, pero a su vez contempla a las personas inmigrantes unilateralmente, como simple mano de obra barata (y mejor si es altamente cualificada) y sin derechos (Bazzaco, 2008, p. 76)

Actualmente, la Unión Europea, al considerar a los inmigrantes como simple mano de obra barata y sin derechos, prosigue las mismas tendencias históricas de países desarrollados como los Estados Unidos, donde las políticas migratorias, según Salcido y Calderón (2019, p. 296), se han caracterizado por una constante lucha contra la inmigración no documentada, políticas que han sido ejecutadas, tanto por demócratas como por republicanos. Y, estas políticas no se vienen ejecutando desde ahora. Desde hace mucho tiempo, los poderes económicos y mediáticos han perseguido, hostigado, encarcelados y asesinados a los inmigrantes. Desde el ex-presidente Bill Clinton hasta el actualmente presidente Joe Biden han deportado y han construidos muros fronterizos o muros de la vergüenza. El futuro será peor para los inmigrantes con el nuevo inquilino de la Casa Blanca: Donald Trump (confeso racista y sionista). Estos procesos migratorios se han agravado en casi todos los países del mundo capitalista donde llegan inmigrantes.

Bazzaco (2008), en sus estudios sobre personas inmigrantes que intentaban llegar a las costas españolas, afirmó que muchas veces el gobierno ocultaba el drama de los cientos de personas que se ahogaban en los intentos de cruzar el estrecho con la consecuente violación de los derechos humanos a causa de usar la estrategia de externalizar el control fronterizo a terceros países (p.77). Pero, además de esto, la UE se hace la vista gorda, y, por el contrario, otorga fondos a terceros países para que realicen el control de los mismos, países que generalmente, no pertenecen a la Unión Europea como Turquía. Ante esta situación, Bazzaco señala que:

> (…) se ignoraron conscientemente las causas de la inmigración y las violaciones de la legalidad y los derechos humanos que están suponiendo el control de las fronteras a cualquier precio, a lo que hay que sumar la total falta de criterios de transparencia, legalidad y humanidad (Bazzaco, 2008, p. 77).

Los inmigrantes huyen de sus países ante el horror de la guerra, el hambre y la violación de los derechos humanos. Es decir, se viola por partida doble los derechos humanos, tanto en sus países de origen como en los países de "acogidas". Posiblemente, esto provoque que los próximos movimientos en políticas de inmigración estén en consonancia con la línea dura de la UE, donde se ha visto en los últimos años un auge de los partidos xenófobos y racistas con el aval de los grandes medios.

En 2007 el número de expulsados aumentó un 6% con respecto a 2006[26] como consecuencia de la política de extranjería. Pero, además de esto, han fallecido personas inmigrantes cuando eran deportadas a sus países de origen bajo custodia de la policía. Este crimen hoy en día permanece impune[27].

En esta línea de pensamiento, Díez (2005), entiende que:

> Desde finales de 1999, sin embargo, la inmigración extranjera ha sido noticia cotidiana, como consecuencia, sobre todo, de constituir un tema de debate político, y no porque se haya convertido (como algunos pretenden) en un problema social. Por ello, puede que haya llegado el momento de resumir los hechos más importantes sobre este fenómeno social, de salir al paso de ciertas ideas equivocadas que a fuerza de repetirse pretenden transformarse en verdades, y de intentar serenar el debate sine ira et cum studium (Díez, 2005, p. 16).

[26]Véase: más información al respecto en el anexo estadístico de SOS Racismo, "Informe Anual sobre el Racismo en el Estado Español 2008", Icaria Editorial, Barcelona, 2008.

[27]La impunidad es uno de los flagelos que azota a España. Esta impunidad se ve agravada cuando la Dirección General de Policía propuso en 2007 el protocolo sobre las normas de seguridad en las deportaciones y en los traslados de los detenidos por vía aérea y/o marítima, que contempla el ejercicio de realizar el embarque en avión de todas las personas a expulsar. Estas prácticas permiten a la policía atar a los inmigrantes con lazos de seguridad a la vista de todo el público, pasajeros y tripulación. Así como la utilización de grilletes metálicos, capuchas y cascos, camisas de fuerza y correas de sujeción. Es decir, el colonialismo de la conquista española llevados a cabo entre los siglos XV y XIX en América Latina. Y, ejecutados en pleno siglo XXI. Las formas bárbaras y salvajes de la conquista en su versión moderna del neo-colonialismo. Véase: Observatorio del Sistema Penal y de los Derechos Humanos, Privación de la libertad y derechos humanos. *La tortura y otras formas de violencia institucional*, Icaria Editorial, Barcelona, 2008.

En cuanto al problema social de los inmigrantes. Cabe resaltar que, la gran mayoría de los inmigrantes lleva una vida más o menos normal. Con problemas económicos, muchas veces insatisfechos, con anhelos de mejor sus condiciones de vida como la mayoría de los españoles con parecidas situaciones socio-económicas. Al respecto, el Observatorio Europeo de Lucha contra el Racismo concluyen que España junto con Suecia son los países de la Unión Europea con más tolerancia al racismo y a los inmigrantes o miembros de otras razas. Pero, también hay que anotar que, en los últimos seis años, según Díez (2005, p. 18), se ha visto un incremento de actos de racismo y xenofobia de los españoles, coincidiendo con un aumento significativo de los flujos de inmigrantes sin papeles e indocumentados, lo cual ha permitido endurecer la legislación de la Unión Europea con relación a la inmigración. No obstante, de acuerdo a Díez (2005, p. 20), la inmigración en España es un problema de tipo social y educativo, que implica repercusiones políticas y económicas

A pesar del aumento de los partidos de tendencias fascista, en la Unión Europea, la inmigración también ha aumentado en los últimos años, tanto de los países procedentes del Norte de África como de Asia y América Latina. Esta última es la que mejores condiciones de adaptación tiene, no solo dicho por los españoles como por los otros inmigrantes de cualquier nacionalidad. Pero, la exclusión social es un fenómeno que abarca a todos los habitantes de una nación. En esta línea de pensamiento Díez afirmó que:

> (…) la aceptación de todos los inmigrantes, sin distinción de origen, es
> mayoritaria según la evidencia de las investigaciones realizadas entre
> españoles e inmigrantes. En realidad, y esa sigue siendo la asignatura

pendiente e imperdonable de la sociedad española, la mayor
discriminación que se observa es, sin excepción ni duda alguna, hacia
los gitanos, una comunidad que no es extranjera (pues llevan muchos
siglos viviendo en España) ni es de otra raza (pues el gitano que quisiera
negar su condición podría hacerlo con facilidad, y muchos payos podrían
pasar por gitanos sin ninguna dificultad), por lo que no cabe hablar en
este caso de racismo ni de xenofobia, sino simple y llanamente de
exclusión social inexcusable y culpable (Díez, 2005, p. 20)

En este sentido, la exclusión social abarca otros tipos de
migraciones como la temporal, en lo referente a la búsqueda de
empleo de indígenas y campesinos —igualmente excluidos— para
mejorar sus condiciones económicas y sociales.

A este respecto, consideramos relevantes las afirmaciones de
Carrasco y Pachano, citado por Vaca (1994), que entienden que:

(…) la migración temporal constituye un factor explicativo central si se
quieren comprender los cambios en la dinámica demográfica de las
familias campesinas de la Sierra, en cuanto dicha modalidad de
desplazamientos forma parte de una transformación cualitativa en las
estrategias de supervivencia del campesinado, las que a su vez resultan
del proceso de transformación estructural del agro serrano (Vaca, 1994,
p. 190).

No obstante, los flujos de migraciones a lo largo del planeta afectan
casi siempre, o mejor dicho más, a las poblaciones de escasos
recursos económicos que se ven, muchas veces forzadas a emigrar
para sobrevivir.

Vaca (1994), en sus estudios sobre migración y pueblos indígenas
en comunidades rurales de Ecuador, afirmó que la migración

constituye un

> (...) fenómeno que afecta con más intensidad y regularidad a los hogares con baja disponibilidad de recursos agropecuarios, pero que para los miembros jóvenes de la unidad doméstica-de ambos sexos- se está constituyendo en una tragedia de socialización, casi en un rito de paso ineludible (Vaca, 1994, p.197).

Asimismo, las mujeres jóvenes como eslabón más débil y vulnerable en la cadena de flujos migratorios se ven muchas veces obligadas a emigrar para sostener el hogar, sobre todo cuando son separadas, divorciadas o viudas. En este sentido, Vaca afirma que:

> (...) la migración temporal incide sobre el estatus de la mujer por distintos cauces, a mediano plazo y de un modo no inmediato; es, en primer lugar, la propia migración femenina que ha involucrado a las mujeres indígenas más jóvenes, la que les ha creado nuevos valores más cercanos a los ideales urbanos clase media en lo que hace a la familia nuclear: labores compartidas, más comodidad, menos hijos (Vaca, 1994, p. 200).

En el campo de la sociodemografía o antropología de la población es necesario tener en cuenta que, a nivel de la inmigración, la vinculación entre fenómenos demográficos y aspectos culturales puede dar algunas luces para explicar los flujos migratorios. Vaca (1994, p. 202), cree que, las diferenciaciones sociales, la ecología y el medio ambiente, y la existencia de numerosos pueblos indígenas -diferentes en sus comportamientos, lengua y cultura-, justificaría que se realicen nuevas investigaciones como: el coste-beneficio de tener hijos en situaciones de migraciones, patrones de sexualidad y reproducción de las mujeres, aceptación o rechazo del aborto en los países de acogida y sus incidencia en los grupos indígenas, vinculaciones entre migración y fecundidad en zonas fronterizas o de colonización y cambios en los patrones de fecundidad en zonas urbanas y rurales, etc.

Es preciso resaltar que flujos migratorios y feminismo están estrechamente relacionados, ya que según los datos hay más inmigrantes mujeres que inmigrantes hombres a nivel global. Datos que confirman una realidad desconocida por muchos. Según el Fondo de Población de las Naciones Unidas (UNFPA), las mujeres y las niñas representan alrededor del 50% de los 214 millones de personas que han abandonado su hogar en el mundo[28]. Muchas mujeres emigran para garantizar el sustento de su hogar en el lugar de origen. Abandonan sus hogares en busca de más libertad y de sociedades abiertas y plurales, para escapar, muchas veces, de guerras internas, de ser obligadas a casarse, de conflictos políticos, de limitaciones culturales, en fin, de todas las formas de discriminación social y violencia de género.

En este aspecto, Hassan (2013)[29], sostiene que "Nuestra experiencia nos indica que la llamada migración femenina está profundamente vinculada al tráfico de personas, ya sea con fines sexuales o para trabajo doméstico". Y, agrega que "Las mujeres que migran por voluntad propia se ven envueltas en situaciones de

---

[28]Véase: Las mujeres son las que más emigran. Representan cerca de la mitad de quienes dejan sus países, abril 30 de 2013. Disponible en: https://archivo.confidencial.com.ni/articulo/11556/las-mujeres-son-las-que-mas-emigran (Consultado el 22 de mayo de 2021)

[29]Yasmin Hassan es directora de Equality Now, con sede en Nueva York. Además, trabajó en la División para el Avance de las Mujeres de las Naciones Unidas y colaboró en la implementación de la Convención para la Eliminación de Todas las Formas de Discriminación contra la Mujer (Cedaw). Véase: "Las mujeres son las que más emigran. Representan cerca de la mitad de quienes dejan sus países", abril 30 de 2013. Disponible en: https://archivo.confidencial.com.ni/articulo/11556/las-mujeres-son-las-que-mas-emigran (Consultado el 22 de mayo de 2021).

profunda explotación. Eso es posible y se ve exacerbado por la situación legal vulnerable que viven, su falta de contactos sociales y familiares, su aislamiento, su incapacidad, a menudo, para comprender el lenguaje o acceder a sistemas de protección".

Los inmigrantes, y especialmente, las mujeres inmigrantes suelen ser víctimas de todo tipo de explotación y abuso sexual, donde también se les niega el acceso a los servicios de salud. Esta situación se agrava, especialmente, con las mujeres jóvenes, mujeres indígenas o afrodescendientes, y otros colectivos altamente vulnerables como las personas LGTBI + (lesbianas, gay, bisexuales, transgénero e intersexuales). Es decir, el hecho de ser mujer conlleva un estigma arraigado y fomentado por el patriarcado y el machismo. Ser fémina en la sociedad actual implica una quíntuple explotación: por ser mujer, por ser pobre, por ser lesbiana, por ser indígena o por ser negra. En el sistema capitalista y con su modelo neoliberal, las mujeres han llegado a lo más profundo de la ignominia y degradación de la raza humana.

Es interesante señalar que, la inmigración no es un proceso homogéneo, en ella concurren ciertas características y ciertos contextos que no se identifican en todas las regiones del mundo. Generalmente, los flujos migratorios se dan en regiones donde las personas tienen muchos riesgos de amenazas, ya sean conflictos internos, hambre, exclusión social o simplemente, genocidios intencionados. Es decir, flujo desde los países pobres (víctimas de las directivas del Banco Mundial y el FMI) hacia los países ricos (expoliadores de los recursos naturales de los países pobres). En este sentido, son relevantes las afirmaciones de Durand y Massey, citado por Salcido y Calderón (2019), en estudios realizados en

Estados Unidos, afirmaron que la inmigración "es un fenómeno social de tradición centenaria que involucra a millones de personas, en el cual se identifican tres características: su historicidad, masividad y vecindad" (p. 408).

Monitoreando a Salcido y Calderón (2019), se puede afirmar que la inmigración no es un fenómeno uniforme, ya que la

> (…) La transnacionalización es un término social que implica aspectos no solo territoriales, sus posibilidades son amplias pues implican aspectos relacionales que redefinen el papel de procesos y de instancias como el "estado". El primer aspecto, referido a los procesos migratorios, ha sido relevado por la idea de espacios sociales plurilocales o campos sociales transnacionales, y en el caso del estado, su papel para negociar y regular la migración casi ha desaparecido en las sociedades expulsoras, en tanto que en las sociedades receptoras se ha pasado de convenios y negociaciones sobre el ingreso de los flujos migratorios a su restricción unilateral por medio de acciones radicales como la deportación masiva, el control militar de las fronteras o el levantamiento de muros que sean el obstáculo físico a los potenciales migrantes (Salcido y Calderón, 2019, p. 409).

Por último, la inmigración como fenómeno complejo desde el punto de vista socio-político, jurídico y económico, y, en auge permanente por las mismas condiciones de inestabilidad global del modelo neoliberal, que ha provocado que los países pobres se conviertan en expulsores de mano de obra barata y cualificada, y los países ricos se conviertan en receptores de los las mismas.

Conclusión

Finalmente, podemos concluir, expresando que, la inmigración es un fenómeno complejo desde cualquier punto donde se le analice. Ya sea, tanto político, económico, social o medioambiental. Esto en gran parte se debe a las mismas condiciones de inestabilidad global del modelo neoliberal, que ha provocado de una u otra forma, la expulsión de personas desde sus países de origen para convertirse en inmigrantes en los países de acogida. Entonces, los movimientos migratorios o flujos de inmigración a lo largo y ancho del planeta están estrechamente relacionados con el medio ambiente y la sostenibilidad ambiental que se pueda generar de ello.

Referencias

Alcolea Moratilla, Miguel Ángel (2000): Análisis espacial y medioambiental de la
inmigración en el municipio de Madrid (2000). *Observatorio Medioambiental*   2000, número 3, 53-75

Anghel, A. G.; Drâghicescu, L. M.; Cristea, G. C.; Gorghiu, G.; Gorghiu, L. M.; Petrescu, A. M. (2014). The Social Knowledge–A Goal of the Social   Sustainable Development. *Procedia-Social and Behavioral   Sciences*,   149:   43-49.   DOI: 10.1016/j.sbspro.2014.08.187

Arango, J. (2003). La explicación teórica de las migraciones: luz y sombra.   *Migración y Desarrollo, n° 1*, octubre 2003.

Aysa-Lastra, M., Cachón, L. (2015 -2016). "Resistencia desde la vulnerabilidad:
inmigrantes latinos en España y Estados Unidos", Anuario cidob de la   inmigración 2015-2016, p. 142.

Bazzaco, E. (2008). La inmigración en España: racismo institucional y racismo social. *Papeles*, n° 103, pp. 75-84.

Berglund, T.; Gericke, N.; Chang Rundgren, S.N. (2014). The implementation of
education for sustainable development in Sweden: Investigating the sustainability consciousness among upper secondary students. *Research in Science & Technological Education*, 32(3): 318-339. DOI: 10.1080/02635143.2014.944493

Boyd, M. (2005). "Family and personal networks in international migration: Recent developments and new agendas", *International Migration Review*, vol. 23, núm. 3. Coriat, B., El taller y el cronómetro, México, Siglo XXI, p. 641.

Blanco, C. (1995). *La integración de los inmigrantes en Bilbao.* Bilbao: Bilbainos, Bilbotar Ikaskuntza Sorta.

Calvo Buezas, T. (2008). *Inmigrantes en España, nuevos vecinos, nuevos problemas, nuevos retos*. Conferencia binacional sobre patrones migratorios y derechos de los inmigrantes en Estados Unidos y España. Fundación cantera. 8-10 de septiembre 2008. Universidad de Texas, Arlington.

Camarero Bullón, C. (2002). Evolución de la población: características, modelos y factores de equilibrio. *E.M.* n° 10 Enero-Abril 2002

Cartagena, R.; Parra-Vázquez, M.; Burguete-Cal Y.; Mayor, A.; Lópezmeza, A. (2005). Participación social y toma de decisiones en los consejos municipales de desarrollo rural sustentable de Los Altos de Chiapas. *Gestión y Política Pública*, 14(2): 341-402. https://www.redalyc.org/articulo.oa?id=13314205

Carrasco, H. y Pachano, S. (1988). "Proyecto: migración temporal, tasa de fecundidad y crecimiento poblacional", IEE (mecanografiado), Quito.

Domenech, E. (2015). Inmigración, anarquismo y deportación: la criminalización de los extranjeros "indeseables" en tiempos de las "grandes migraciones". *REMHU- Rev.* Interdiscip. Mobil. Hum., Brasilia, Año XXIII, n. 45, p. 169-196, jul./dez. 2015.

Díez, N., J. (2005). *Las dos caras de la inmigración*. Documentos del Observatorio Permanentes de la inmigración. Ministerio de Trabajo y Asuntos Sociales de España.

Durand, J. (2016). Historia mínima de la migración México-Estados Unidos. Colegio de México. https://doi.org/10.2307/j.ctt1t89k3g, 289p.

Faist, T. (1997) "Te Crucial Meso–Level" en Hammar, T., G. Brochmann, K. Tamas y T. Faist, eds. International Migration, Immobility and Development. Oxford: Berg

Fernández, L.; Gutiérrez, M. (2013). Bienestar social, económico y ambiental para las presentes y futuras generaciones. Información tecnológica, 24(2): 121-
130.   https://scielo.conicyt.cl/scielo.php?script=sci_arttext&pid=S0718-
   07642013000200013

Gibrán L., Tobón, S. et al. (2019). Desarrollo sostenible: educación y sociedad.
M+A. Revista Electrónic@ de Medio Ambiente, Volumen 20, número 1: 54-72.

Giddings, B.; Hopwood, B.; O'Brien, G. (2002). Environment, economy and society: fitting them together into sustainable development. *Sustainable development*, 10(4): 187-196. DOI: 10.1002/sd.199

Gil-Osorio, I. M. (2012). El rol de las universidades públicas frente a la responsabilidad Social Universitaria. Revista Panorama Económico, 20: 235- 250. https://revistas.unicartagena.edu.co/index.php/panoramaeconomico/ article/ view/346

Gómez Walteros, J. A. (2010). La migración internacional: teorías y enfoques, una mirada actual. *Semestre Económico*, vol. 13, núm. 26, enero-junio, 2010, pp. 81-99 Universidad de Medellín, Colombia.

González-Gaudiano, E. G. (2006). Campo de partida. Educación ambiental y educación para el desarrollo sustentable: ¿tensión o transición? Trayectorias, 8
(20-21): 52-62. https://www.redalyc.org/articulo.oa?id=60715248006

Gutiérrez-Garza, E. (2007). De las teorías del desarrollo al desarrollo sustentable. Historia de la construcción de un enfoque multidisciplinario. Trayectorias, 9 (25): 45-60. https://www.redalyc.org/html/607/60715120006/

Instituto Nacional de Estadística de España, (INE, 2020). Disponible en
http://www.ine.es/jaxi/Datos.htm?path=/t20/e245/p08/l0/&file=02002. px

Instituto Nacional de Estadística (INE, 2020). Datos del Padrón Municipal. Diciembre 15 de 2020. (Consultado el 6 de mayo de 2021.

Izazola, C. H. (2003). Migración y medio ambiente. *Doctrina*, 123, CODHEM,   julio-agosto, pp. 123-126.

Jiménez Blasco, B.C., Resino García, R., Mayoral Peñas, M. y Sassano Luiz, S. (2020): Inmigración y segregación residencial en la ciudad de Madrid. *Anales de Geografía de la Universidad Complutense*, 40(2), 393-418.

Lacomba, J. (2001). Teorías y prácticas de la inmigración. De los modelos explicativos a los relatos y proyectos migratorios. *Revista Electrónica de   Geografía y Ciencias Sociales*, N° 94 (11), 1 de agosto de 2001.

León-Rodríguez, A.; Infante-Bonfiglio, J. (2014). Una evaluación crítica de una experiencia de Educación Ambiental para la Sustentabilidad en el nivel educativo básico en Nuevo León, México. *Revista de Investigación Educativa*, 23(19): 184-212.

López-Ricalde, C.D.; López-Hernández, E.S.; Ancona-Peniche, I. (2005). Desarrollo sustentable o sostenible: una definición conceptual. *Horizonte   Sanitario*,   4(2). https://www.redalyc.org/html/4578/457845044002/

López, G., Salcido, R. y Morán, S. (2014). "Redes sociales y vulnerabilidad en el proceso de integración a los mercados de trabajo", en G. López, R. Salcido, O. Calderón (coords),

Trayectorias laborales, vulnerabilidad y religión en el contexto de la migración transnacional, México, BUAD - Piso 15 Editores.

Lozano, R. (2006). Incorporation and institutionalization of SD into universities: breaking through barriers to change. Journal of cleaner production, 14(9-11):
787-796. DOI: 0.1016/j.jclepro.2005.12.010

Martínez Veiga, U. (1997). *Alojamiento de los inmigrantes en España*. En J. Leal y C.

Martínez-Hernández, P.; Ochoa E.; Izquierdo, A., y Gil-Lacruz, M. (2007). "Capital social e inmigración: conceptualización operativa de la inserción sociolaboral de los inmigrantes", *Revista de Humanidades*, 13, pp. 257-281.

Masanet Ripoll, E. y Santacreu Fernández, O. (2010). El movimiento asociativo inmigrante en la Comunidad Valenciana y sus repercusiones en la producción de capital social. The associative movement of immigrants in the Comunity   Valencia and its impact in the production of social capital. *Migraciones*, 27 (2010). ISSN: 1138-5774, pp. 49-81

Massey, D. S., R. Alarcón, J. Durand y H. González (1987) *Return to Aztlan: The Social Process of International Migration from Western Mexico*. Berkeley y Los Ángeles: University of California Press.

Massey, D. S., y Espinosa, K. E. (1997). "What's Driving Mexico-U.S. Migration? A Theoretical, Empirical, and Policy Analysis", *American Journal of Sociology*, 102 (4), pp. 939-999.

Massey, D. S., J. Arango, G. Hugo, A. Kouaouci, A. Pellegrino y J. E. Taylor (1998) *Worlds in Motion. Understanding International Migration at the End of the Millennium*. Oxford: Clarendon Press.

Mora Aliseda, J. y Garrido Velarde, J. (2018): Hildenbrand A. (2017): Gobernanza y planificación territorial en las áreas metropolitanas. Análisis comparado de las experiencias recientes en Alemania y de su interés para la práctica en España. Universidad de Valencia, 370 pp. *Observatorio Medioambiental*, 21, 345-348.

Ocampo, N., Peña A, y Rosas-Landa (2003). Migración y medio ambiente. Una
aproximación metodológica. *Ecología política*, México, pp. 1-3.

ONU (2014). *Los derechos económicos, sociales y culturales de los migrantes en situación irregular. Derechos Humanos*. Oficina del Alto Comisionado. New York y Ginebra.

Reyes-Sánchez, L. B. (2012). Aporte de la química verde a la construcción de una ciencia socialmente responsable. *Educación química*, 23(2): 222-229.

Pérez, García, Y. *Medio ambiente y migraciones: apuntes para un debate*. Recuperado el 23 de octubre de 2020 en https://www.monografias.com/trabajos84/medio-ambiente-migraciones/medio-ambiente-migraciones.shtml

Portes, A. (1995). "The Economic Sociology and Sociology of Immigration: a Conceptual Review", en Portes, A. (Ed.): *The Economic Sociology of Immigration: Essays on Networks, Ethnicity and Entrepreneurship*, Nueva York, Rusell Sage Foundation, pp. 1-41.

Portes, A. y Sensenbrenner, J. (2012). "Incrustación e inmigración: apuntes sobre los determinantes sociales de la acción económica", en A. Portes, Sociología económica de las migraciones internacionales, Barcelona, *Anthropos*, p. 21.

Pries, L. (2018), "La migración internacional en tiempos de globalización. Varios
lugares a la vez", *Nueva Sociedad*, núm. 164, p. 57.

Salcido, R. y Calderón, O. (2019). Estrategias de resistencia y organización de migrantes mexicanos a Estados Unidos, ante las políticas migratorias. *Nueva Época*, año 13, Núm. 47, octubre 2019-marzo 2020, pp. 394-417.

Sánchez, R. (2021). El colonialismo es causa principal de la migración masiva. Recuperado el 20 de julio de 2021 en https://www.diariodeleon.es/articulo/cultura/el-colonialismo-es-causa-principal-migracion-masiva/201406220400031441426.html

Severiche-Sierra, C.; Gómez-Bustamante, E.; Jaimes-Morales, J. (2016). La educación ambiental como base cultural y estrategia para el desarrollo sostenible. *Telos*, 18(2): 266-281.

https://www.redalyc.org/pdf/993/99345727007.pdf

Sotelo Pérez, I. (2021): Consecuencias de la falta de resultados de la Evaluación de Impacto Ambiental: la quiebra de la Unidad del Derecho (Estudio de caso). *Observatorio Medioambiental*, 24, 9-19.

Sotelo Pérez, I, Sotelo Navalpotro, J.A. y Sotelo Pérez, M. (2021): Constitución, medio ambiente y ordenación del territorio. *Observatorio Medioambiental*, 24, 33-43.

Tibán-Guala, L. (2000). Desarrollo Sustentable desde la Visión Indianista. ICC, Quito.

Tolón Becerra, Alfredo y Lastra Bravo, Xavier B. (2010): Progresos en el conocimiento de la sostenibilidad económica, social y ambiental del desarrollo sostenible en los espacios rurales iberoamericanos. *Observatorio Medioambiental*, 13, 245-258.

Vaca, R. (1994). Una metodología combinada para estudios poblacionales en comunidades campesinos-indígenas de los Andes: migración y fecundidad. En CELADE (Ed.), *Estudios sociodemográficos de pueblos indígenas.* (pp. 190-   204). Santiago de Chile, Chile: Celade editorial.

Vertovek, S. (2006). "Transnacionalismo migrante y modos de transformación", En A. Portes y J. DeWind (Coords.), Repensando las migraciones, México, Miguel Ángel Porrúa.

World Population Index. Censo de 2015. Véase. Raffino, María Estela (2020). "Inmigración". Disponible en:

https://concepto.de/inmigracion/ . (Consultado el 1 de noviembre de 2020).

World Population Policies. Informe de la Naciones Unidas nº 1459 de 2019 en el mundo hay 536.288.358 millones de inmigrantes. "Emigrantes totales 2019". https://.www.datosmacro.com. (Consultado el 2 de febrero de 2021).

Printed by Books on Demand GmbH, Norderstedt / Germany